老年人的腕带式可穿戴设备采纳意愿、舒适性和可用性

马昭懿　皋琴 ◎著

河海大学出版社
·南京·

内 容 提 要

我国人口老龄化程度持续加深,给社会经济发展带来严峻挑战。在此背景下,腕带式可穿戴设备以其多功能、低成本和便携性,有潜力成为科技养老系统的重要组成部分。然而,目前腕带式可穿戴设备在老年人中的采纳度较低,并且既缺少对中国老年人可穿戴设备采纳意愿的研究,也缺少关于如何提升采纳意愿的探究。本书基于实证数据,结合了用户研究、问卷量表设计与开发、原型系统设计与开发、实验室受控试验等多种研究方法,探究了中国老年人可穿戴设备的采纳意愿影响因素,从评测框架和压力范围入手研究了穿戴舒适性,考虑了导航设计和数据呈现设计以改善界面可用性。

本书可供从事交互体验设计、适老化设计等方面的研究人员及高等院校相关专业的师生参考,也可为腕带式可穿戴设备的设计人员提供可操作的设计建议。

图书在版编目(CIP)数据

老年人的腕带式可穿戴设备采纳意愿、舒适性和可用性 / 马昭懿,皋琴著. -- 南京:河海大学出版社,2024.11. -- ISBN 978-7-5630-9450-9(2025.9重印)

Ⅰ. TN87;D669.6

中国国家版本馆 CIP 数据核字第 2024FH2464 号

书　　名	老年人的腕带式可穿戴设备采纳意愿、舒适性和可用性
书　　号	ISBN 978-7-5630-9450-9
责任编辑	周　贤
特约校对	吴媛媛
封面设计	徐娟娟
出版发行	河海大学出版社
地　　址	南京市西康路1号(邮编:210098)
电　　话	(025)83737852(总编室)　(025)83787157(编辑室)
	(025)83722833(营销部)
经　　销	江苏省新华发行集团有限公司
排　　版	南京布克文化发展有限公司
印　　刷	广东虎彩云印刷有限公司
开　　本	718毫米×1000毫米　1/16
印　　张	9.5
字　　数	174千字
版　　次	2024年11月第1版
印　　次	2025年9月第2次印刷
定　　价	68.00元

前言

人口老龄化已经成为我国经济社会发展面临的重要问题。老年人身体机能衰退,使得他们既需要健康指标、运动状态等数据进行健康管理,也需要通知联络、事件提醒等功能方便日常生活。在此背景下,通过科技产品向老年人提供相应服务,既能满足老年人的养老需求,又能撬动"银发经济",是应对老龄化问题、拥抱老龄化社会的重要手段。其中,腕带式可穿戴设备既可以进行心率、运动等个人数据的持续监测,又能实现随时随地的沟通联络,还属于非侵入性设备,更易被人接受,具有极佳的养老潜力。然而,腕带式可穿戴设备在我国老年人中的实际采纳度却比较低,目前既缺乏对我国老年人可穿戴设备采纳意愿的系统性研究,也缺乏提升其采纳意愿的有效对策。针对这一现状,本书结合用户研究、问卷量表设计与开发、原型系统设计与开发、实验室受控试验等多种研究方法,探究了老年人腕带式可穿戴设备采纳意愿的影响因素,继而从可穿戴性和可用性两个方面探索如何进行设计改进。本书基于系列项目科研成果总结提炼而成。全书共分7章,各章主要内容简述如下。

第1章引言,主要阐述了人口老龄化大背景下腕带式可穿戴设备的应用前景,介绍了老年人可穿戴设备研究的现状,明确了提升老年人可穿戴设备使用体验和采纳度的重要性,最后提出了本书的主要研究内容。

第2章是文献综述,整理和总结了相关研究工作的现状,综述了老年人对可穿戴设备的接受度和采纳度的相关研究,整理了穿戴舒适性、界面可用性的相关文献。

第3章是老年人腕带式可穿戴设备采纳意愿的影响因素,通过开展访谈和问卷调研,分析老年人在不同使用阶段中使用行为和用户体验的变化,阐述老年人采纳意愿的影响因素随使用阶段的变化。

第4章是腕带式可穿戴设备舒适性研究,详细阐述了可穿戴设备的穿戴舒适性评测工具的开发和验证,并分析了用户年龄和使用场景对可穿戴性维度重要性的影响;深入分析了不同压力水平下用户的压力舒适评价,提供了老年人和年轻人的压力舒适-不适范围，并探究了表带材质的影响。

第 5 章是腕带式可穿戴设备界面可用性：导航设计研究。首先通过焦点小组研究提出符合老年人心智模型的两种导航设计，进而通过线上实验比较不同的设计对于老年人和年轻人用户体验的影响。

第 6 章是腕带式可穿戴设备界面可用性：健康数据呈现设计研究。从老年人的认知和视觉衰退出发，提出对老年人友好的可穿戴设备健康数据呈现设计，并通过实验对该设计的效果进行了验证。

第 7 章是结语，总结了本书的主要工作和研究结果，也讨论了之后相关研究开展的可能方向。

本书由马昭懿和皋琴撰写，感谢杨眉对第 3 章和第 6 章的贡献以及周星辰对第 4 章的帮助。本书成果得到中央高校基本科研业务费专项资金（NO.30923011104）资助，在此表示诚挚的感谢！

本书编写过程中，得到了清华大学饶培伦教授、于瑞峰副教授，中国科学院孙向红研究员，北京师范大学王大华教授，南京理工大学李亚军教授、周明副教授、姜霖副教授的支持和指导。在研究成果的评审过程中，专家们提出了很多有益的建议，在此一并感谢！

受限于作者水平，书中难免有疏漏和不妥之处，敬请指正。

作者
2024 年 9 月

目录

第1章 引言 ⋯⋯⋯⋯⋯⋯⋯⋯⋯⋯⋯⋯⋯⋯⋯⋯⋯⋯⋯⋯⋯⋯⋯⋯⋯ 001

第2章 文献综述 ⋯⋯⋯⋯⋯⋯⋯⋯⋯⋯⋯⋯⋯⋯⋯⋯⋯⋯⋯⋯⋯⋯ 005
 2.1 老年人与科技产品 ⋯⋯⋯⋯⋯⋯⋯⋯⋯⋯⋯⋯⋯⋯⋯⋯⋯ 006
  2.1.1 老年人的生理心理特点 ⋯⋯⋯⋯⋯⋯⋯⋯⋯⋯⋯⋯ 006
  2.1.2 老年人科技产品使用中的可用性问题 ⋯⋯⋯⋯⋯⋯ 007
  2.1.3 老年人科技接受度模型 ⋯⋯⋯⋯⋯⋯⋯⋯⋯⋯⋯⋯ 007
 2.2 可穿戴设备采纳度 ⋯⋯⋯⋯⋯⋯⋯⋯⋯⋯⋯⋯⋯⋯⋯⋯⋯ 009
  2.2.1 感知价值与感知障碍 ⋯⋯⋯⋯⋯⋯⋯⋯⋯⋯⋯⋯⋯ 010
  2.2.2 可穿戴设备采纳的影响因素 ⋯⋯⋯⋯⋯⋯⋯⋯⋯⋯ 012
  2.2.3 老年人的可穿戴设备采纳研究 ⋯⋯⋯⋯⋯⋯⋯⋯⋯ 013
  2.2.4 可穿戴设备的可供性 ⋯⋯⋯⋯⋯⋯⋯⋯⋯⋯⋯⋯⋯ 015
 2.3 穿戴舒适性 ⋯⋯⋯⋯⋯⋯⋯⋯⋯⋯⋯⋯⋯⋯⋯⋯⋯⋯⋯⋯ 018
  2.3.1 穿戴舒适性评测 ⋯⋯⋯⋯⋯⋯⋯⋯⋯⋯⋯⋯⋯⋯⋯ 018
  2.3.2 客观压力和压力舒适 ⋯⋯⋯⋯⋯⋯⋯⋯⋯⋯⋯⋯⋯ 019
  2.3.3 舒适性感知的年龄差异 ⋯⋯⋯⋯⋯⋯⋯⋯⋯⋯⋯⋯ 021
 2.4 对老年人友好的界面可用性设计 ⋯⋯⋯⋯⋯⋯⋯⋯⋯⋯⋯ 022
  2.4.1 对老年人友好的导航设计 ⋯⋯⋯⋯⋯⋯⋯⋯⋯⋯⋯ 022
  2.4.2 对老年人友好的数据呈现设计 ⋯⋯⋯⋯⋯⋯⋯⋯⋯ 024

第3章 老年人腕带式可穿戴设备采纳意愿影响因素研究 ⋯⋯⋯⋯ 027
 3.1 研究目的 ⋯⋯⋯⋯⋯⋯⋯⋯⋯⋯⋯⋯⋯⋯⋯⋯⋯⋯⋯⋯⋯ 028
 3.2 可穿戴设备采纳意愿影响因素模型 ⋯⋯⋯⋯⋯⋯⋯⋯⋯⋯ 028
 3.3 可供性与功能的匹配 ⋯⋯⋯⋯⋯⋯⋯⋯⋯⋯⋯⋯⋯⋯⋯⋯ 029
 3.4 研究方法 ⋯⋯⋯⋯⋯⋯⋯⋯⋯⋯⋯⋯⋯⋯⋯⋯⋯⋯⋯⋯⋯ 031

3.4.1　参试者 ·· 031
　　　3.4.2　设备 ··· 032
　　　3.4.3　量表设计 ··· 033
　　　3.4.4　实验流程 ··· 034
　　　3.4.5　数据分析 ··· 035
　3.5　问卷结果：老年人采纳腕带式可穿戴设备的影响因素 ·············· 036
　3.6　访谈结果 ·· 039
　　　3.6.1　初次使用时的可用性问题 ··· 039
　　　3.6.2　初次使用时对设备喜欢和不满意的方面 ······················· 043
　　　3.6.3　初次使用时期待和不期待的功能 ·································· 044
　　　3.6.4　使用过程中设备可供性的使用行为随时间的变化 ········ 046
　　　3.6.5　实用益处及可供性重要性排序的变化 ·························· 050
　　　3.6.6　使用过程中对设备不满意的方面随时间的变化 ············ 051
　3.7　讨论 ··· 052
　　　3.7.1　可供性感知随使用深入的变化 ······································ 053
　　　3.7.2　腕带式可穿戴设备采纳影响因素随使用深入的变化 ··· 054
　　　3.7.3　面向老年人的腕带式可穿戴设备设计建议 ··················· 055
　3.8　本章小结 ·· 057

第4章　腕带式可穿戴设备舒适性研究：评测工具和压力范围 ············ 061
　4.1　研究目的 ·· 062
　4.2　研究方法 ·· 062
　　　4.2.1　参试者 ·· 062
　　　4.2.2　实验流程 ··· 062
　4.3　材料和设备 ··· 064
　　　4.3.1　实验1所用量表 ·· 064
　　　4.3.2　实验2所用设备和材料 ··· 064
　4.4　结果 ·· 066
　　　4.4.1　实验1结果 ·· 066
　　　4.4.2　实验2结果 ·· 069
　4.5　讨论 ·· 071
　　　4.5.1　关于舒适性评测工具的主要发现 ·································· 071
　　　4.5.2　关于舒适-不适压力范围的主要发现 ···························· 073

4.5.3　实践启示 …………………………………………………… 074
　4.6　本章小结 …………………………………………………………… 074

第5章　腕带式可穿戴设备界面可用性：导航设计研究 ………………… 077
　5.1　研究目的 …………………………………………………………… 078
　5.2　焦点小组 …………………………………………………………… 078
　　　5.2.1　方法 ………………………………………………………… 078
　　　5.2.2　结果 ………………………………………………………… 079
　5.3　验证实验：方法 …………………………………………………… 080
　　　5.3.1　实验设计 …………………………………………………… 080
　　　5.3.2　变量测量 …………………………………………………… 080
　　　5.3.3　功能分类 …………………………………………………… 081
　　　5.3.4　参试者 ……………………………………………………… 082
　　　5.3.5　实验流程 …………………………………………………… 083
　5.4　验证实验：结果 …………………………………………………… 084
　　　5.4.1　任务绩效 …………………………………………………… 084
　　　5.4.2　易用性 ……………………………………………………… 085
　　　5.4.3　满意度 ……………………………………………………… 087
　　　5.4.4　偏好及原因 ………………………………………………… 088
　5.5　讨论 ………………………………………………………………… 088
　5.6　本章小结 …………………………………………………………… 091

第6章　腕带式可穿戴设备界面可用性：健康数据呈现设计研究 ……… 093
　6.1　研究目的 …………………………………………………………… 094
　6.2　UnitDesign设计 …………………………………………………… 094
　　　6.2.1　理论依据 …………………………………………………… 094
　　　6.2.2　具体内容 …………………………………………………… 098
　6.3　研究方法 …………………………………………………………… 101
　　　6.3.1　实验设计 …………………………………………………… 101
　　　6.3.2　参试者 ……………………………………………………… 102
　　　6.3.3　实验平台和材料 …………………………………………… 103
　　　6.3.4　实验流程 …………………………………………………… 106
　　　6.3.5　因变量测量 ………………………………………………… 106

  6.4 实验结果 ·· 107
    6.4.1 任务绩效 ·· 107
    6.4.2 用户体验评价 ·· 108
    6.4.3 访谈分析结果 ·· 110
  6.5 讨论 ·· 112
    6.5.1 关键结论 ·· 112
    6.5.2 设计建议 ·· 114
  6.6 本章小结 ·· 115

第 7 章 结语 ··· 117
  7.1 主要结论 ·· 118
  7.2 启示与展望 ·· 119

参考文献 ··· 121

第 1 章 引言

第七次全国人口普查公报（第五号）表明[1]，中国60岁以上人口已超2.64亿，占总人口比例达18.7%。另据世界卫生组织预计[2]，到2050年，中国老龄人口将达到4.8亿。人口老龄化已成为我国社会发展的重要趋势，在未来一段时间内，也将持续成为社会和经济发展的重要挑战。在此背景下，应用科技手段，建立科技养老系统，以较低的成本监测老年人的日常生活和健康状况，不仅能减轻家庭经济负担，也能缓解医疗机构资源紧张的状况，降低社会保障压力，是应对老龄化问题重要且有效的手段。其中，腕带式可穿戴设备以其低成本、非侵入和便携性，有潜力成为科技养老系统的重要组成部分，在商业市场和科研领域均受到众多关注。然而，目前腕带式可穿戴设备在老年人中的普及度并不如预期[3-4]。这说明，老年人使用腕带式可穿戴设备的用户体验并不令人满意。而老年人可穿戴设备相关研究中，既缺乏对中国老年人的关注，也缺少关于如何提升用户体验和采纳意愿的研究。因此，从中国老年人的实际生活出发，探究老年人腕带式可穿戴设备采纳意愿的影响因素，进而从穿戴舒适性和界面可用性入手改善老年人的用户体验，对支持科技养老有着重要的现实意义。

可穿戴设备是装配着传感器的智能设备，它能被用户长期佩戴，收集、存储和传输用户的各项生理数据[5]。研究表明，可穿戴设备可以有效增强老年人的慢性病自我管理能力，减轻看护人的负担[6-7]。正因可穿戴设备的这些优势，自"可穿戴元年"（2013年）起，可穿戴设备被众多分析者看好，认为其可能成为继智能手机之后的下一个科技产品超级增长点[8-9]。然而，可穿戴设备的实际市场表现却不如预期，同时还存在着高弃用率的问题[10-12]。研究显示，超过50%的可穿戴设备用户在使用两周后停止使用，约60%的用户在6个月内停止追踪数据[13]。而在老年人群体中，可穿戴设备的接受度似乎更低。美国退休人员协会报告[14]指出，有75%的老年人在一个月后停止使用可穿戴设备。

目前，对可穿戴设备的研究多针对一般成年人，分析用户接受和采纳可穿戴设备的影响因素。一方面，产品为用户带来的实用利益激励着用户的使用。可穿戴设备支持用户监测运动健康情况或接受信息等，能为用户带来实用价值[15-18]。同时，可穿戴设备作为科技产品和装饰品，也能让用户从使用中得到愉悦，从而带来享乐价值[17,19-22]。研究发现，对于有使用经验的用户，实用价值更为重要[18,22-23]。另一方面，用户面对可穿戴设备时会感受到一些障碍。研究表明，没有使用过产品的潜在用户会担心使用带来的风险，如功能不如预期、隐私泄露、影响健康等[24-25]。而有使用经验的用户则会受到使用过程中出现的问题（如可用性问题、不舒适的穿戴体验、数据不准确等）的影响，降低他们的采纳意愿[17,26]。

与丰富的面向一般成年人的研究不同,针对老年人可穿戴设备的研究并不充分。由于老年人独特的生理、心理特征,他们对产品的需求与年轻人有所不同。例如,Arning等人[27]汇报,老年人对移动医疗的有用性评价显著高于年轻人;同时,老年人在感知、运动机能和记忆学习能力方面的衰退给他们使用可穿戴设备带来更多的挑战[28-29]。此外,老年人的日常生活习惯与年轻人不同,如老年人的生活节奏往往更慢,更喜欢参加集体活动,更偏爱散步、慢跑等锻炼方式等[30-31]。这些差异表明,针对年轻人开展的研究,其结果可能并不适用于老年人。然而,聚焦老年人可穿戴设备的研究尚有很多局限。首先,现有的研究多为横断面研究,即只获取某一时刻老年人对可穿戴设备的感受和评价。然而,采纳科技产品是一个过程。基于便携式电脑的研究显示,随着使用的深入,用户对产品和产品特征的评价会变化,产品特征对采纳意愿的影响等也会发生变化[32]。因此,横断面研究应当与纵贯研究结合,在实现细致观察的基础上,获得对变化过程的洞察。其次,目前聚焦老年人的可穿戴设备研究对可穿戴设备有用性的概念总结不够恰当。目前的研究要么使用有用性(usefulness)或功能性(functionality)等概念来整体地描述可穿戴设备的能力[24,33-34],过于笼统而对设备的功能设计的启示有限;要么直接展示特定功能的使用情况[35-37],过于具体而难以推广到更广泛的设计中。因此,采用在整体能力和特定功能之间的抽象层次,如可供性,来体现产品通过功能服务用户的途径,将有助于产品设计者有针对性地做出改善。因此,本书希望能引入可供性这一概念,分析可穿戴设备的有用性,并以此为线索分析老年人对可穿戴设备的使用和感受。考虑到腕带式可穿戴设备(如智能手表和智能手环)在可穿戴设备中普及度最高[38],且具有心率监测等可用于科技养老的功能,本书聚焦腕带式可穿戴设备,从采纳意愿入手,探索老年人从初次使用到持续使用的整个过程中影响他们采纳意愿的因素,并分析使用行为和用户体验的变化,为提升老年人可穿戴设备用户体验提供方向性的建议和参考。

此外,当前的可穿戴设备研究中缺乏针对产品特征的研究,尤其是面向老年人这一特殊群体。本书聚焦腕带式可穿戴设备的穿戴舒适性和界面可用性,为可穿戴设备设计者提供建议。尽管穿戴舒适性的重要性在众多文献中被反复确认[21,24,33],是长期使用的重要基石,但针对商用可穿戴设备,尤其是腕带式可穿戴设备穿戴舒适性的研究却非常有限,缺乏穿戴舒适性评测工具和具体的设计建议。因此,开发腕带式可穿戴设备的穿戴舒适性评测工具,探索穿戴舒适性维度的重要性及压力舒适阈值,将为可穿戴设备设计者提高设备穿戴舒适性提供有针对性的建议。同时,腕带式可穿戴设备狭小的界面给老年人带来众多界面可用性问题,包括难以理解设备的数据和产品界面、难以充分利用设备功能等[39-40],且这些可用性问题在长期使用中依旧存在[41-42],难以随着使用而消失。尽管一些研究结果表明了提升老年人可穿戴设备界面可用性的必要性,但并未提供具体的改善措施。因此,本书考虑了界面导航和数据呈现两方面,探索对老年人友好的导航设计和数据呈现设计,改善老年人可穿戴设备界面的可用性。本书将为腕带式可穿戴设备服务老年人、缩小数字鸿沟提供实践建议。

第2章

文献综述

2.1 老年人与科技产品

2.1.1 老年人的生理心理特点

随着年龄的增长,人的生理和心理均经历着巨大的变化。这些变化影响着人们的思维、行动、反应等,也对了解老年人并设计对老年人友好的产品或系统具有重要意义。

老年人在生理方面的衰退主要体现在感知和认知上。感知方面,最为显著也是最受关注的是视觉。视觉敏锐度,即清楚地看到细节的能力,在老年人中普遍衰退[43]。这种衰退使得老年人难以识别视觉目标,尤其是在与物体距离较近时。老年人晶状体的弹性降低,导致其眼睛的对焦能力下降,更容易造成眼睛疲劳[44-45]。同时,老年人的晶状体变黄,识别光谱的短波端(即紫色、蓝色和绿色等)颜色的难度上升[46]。此外,老年人识别碎片化和嵌入式对象的能力也有所下降[47-48]。除视觉外,老年人的听觉、触觉和嗅觉能力也均有所退化[49-50]。

除了视觉方面,老年人认知方面(如记忆力和注意力)的退化也是界面设计中需要考虑的主要问题。短期记忆又称工作记忆,是在短时间内对所获得的信息进行临时存储的能力[51]。与年龄相关的短期记忆衰退导致老年人学习和储存新信息的能力下降[52]。与此同时,老年人的注意力也在下降,他们比年轻人更难以专注于关键内容,更容易受到无关信息的干扰[53]。此外,衰老使得老年人的信息处理速度变慢,空间能力(指在脑中操作物体或表示物体间关系的能力)和抽象推理能力均降低[54-55]。除感知和认知外,老年人的运动能力(如运动控制和运动速度等)也有所衰退[56-57]。

与生理方面衰退相呼应的是老年人在心理方面的需求。由于身体状态的下降,老年人与年轻人相比更容易受疾病困扰,也更加关注与健康相关的信息和知识[58-59]。同时,退休后社会角色的变化让老年人失去了原来的工作环境和熟悉的社交氛围,这使得老年人很容易感到孤独,进而感到焦虑甚至抑郁[60-61]。因此,老年人需要精神上的依托和社会联系,也需要对个人价值的认同[60,62-63]。

此外,年轻人在互联网技术及其主要应用(如电子邮件、短信等)兴起后出生,伴随着信息技术成长,他们一生都沉浸在信息技术中,对信息技术的便利有着更为深刻的认识,也更熟悉科技产品的操作。与之不同的是,老年人出生在信息技术尚未发展的时期,在他们成年后才了解信息技术。这种年龄差异被描述为"数字原生代"和"数字移民"[64]。这种代际的数字鸿沟被众多学者们讨论和研究,被认为影响着用户对科技产品的态度和体验[65-67]。

2.1.2 老年人科技产品使用中的可用性问题

生理、心理的变化导致老年人在学习和使用科技产品时面临诸多问题。作为信息接收端,老年人视力的退化为老年人看清和识别界面元素带来困扰,他们很容易忽略重要的图标或信息,也难以看清较小的文字。研究表明,90%的老年人使用手机时会遭遇与视力相关的问题,即便他们佩戴了眼镜等作为辅助[68]。认知上的局限则导致老年人难以理解和操作科技产品。由于工作记忆的衰退,老年人经常在理解网页和手机应用的导航设计上迷失,难以找到功能和返回[68-70],也难以记忆界面上繁多的信息[71-73]。同时,认知上的局限和数字鸿沟也使老年人难以理解由年轻或中年设计师设计的信息呈现方式和功能操作方式。研究表明,使用同样的科技产品时,老年人总是比年轻人遭遇更多的可用性问题,任务绩效和用户体验也更糟糕[74-76]。即使在使用了手机应用一年后,老年人在理解基础操作和信息组织方面依旧面临问题[77]。

为更好地理解并支持老年人,研究者们比较了老年人和年轻人使用同样界面设计时的表现,发现他们的可用性评价和体验有所不同。Leung 等人[75]研究了不同图标的可用性在老年人与年轻人中的差异。图标设计考虑了语义距离(即图标与其所表达内容的相关性)、具体性(抽象或具体)、标签情况(只有图标、只有文本、图标结合文本)3 个属性。研究结果发现,语义距离近的(即图标与其所表达内容的相关性高)、熟悉的、使用文本标签的和具体的图标,能有效提升图标对于老年人的可用性,但对年轻人的效果并不明显。Ganor 和 Te'eni[76]的研究显示,当图标内包含的细节比较复杂时,老年人受到的积极影响大于年轻人,其反应时间和准确率比起细节简单时均有更大幅度的提升。类似地,Nguyen 等人[72]发现,根据个人偏好定制的网站信息显示设计有助于提升老年人的注意力和信息记忆,但对年轻人没有显著影响。这些可用性上的差异可能会导致老年人和年轻人对产品的使用偏好不同。例如,Fang 等人[78]邀请老年人和年轻人使用并评价 4 种类型的健康信息展示页面(即文本式、图表式、图片式和动画式),结果显示,老年人更能接受文本式,而年轻人对其却持负面态度。这些结果表明,有必要根据老年人的生理、心理特点设计界面,以促进他们从科技产品中受益。

2.1.3 老年人科技接受度模型

由于老年人使用科技产品时面临众多障碍,使得老年人接受科技产品、从科技中受益一直以来都是一个重要命题。研究表明,老年人的科技接受度受一系列复杂因素的影响，包括个人因素、环境因素、产品因素等[79]。在不同的产品和使用场景中，这些因素产生的影响也不尽相同。

大多数探究老年人科技接受度的研究都是通过拓展经典的科技接受度理论模型而建立。其中，科技接受度模型（TAM）是被研究、引用最多的模型。TAM由Davis[80]提出。该模型认为，有用性（usefulness）和易用性（ease of use）共同决定了用户对于科技的接受度，且易用性可以影响有用性。尽管TAM模型被广泛使用，但许多研究都指出应该增加一些外部因素（如趣味性、美观度等），以更好地理解科技接受度。基于此，一个更加综合的模型——科技接受和使用的统一理论（UTAUT）被Venkatesh等人[81]提出。该模型由TAM模型与其他关注决策过程的模型（如计划行为理论、理性行为模型、社会感知理论等）结合得到，在感知有用性和感知易用性之外，加入了社会影响（social influence）和便携条件（facilitating condition）两个因素，以综合考虑环境因素对接受度的影响。尽管UTAUT模型包含的因素已经比较全面，但它更多描述的是强制的、组织上的影响。为解决这一局限，Venkatesh等人[82]提出了UTAUT2模型，在UTAUT模型的基础上进一步整合了3个因素，分别是享乐动机（hedonic motivation）、价格价值（price value）、习惯（habit）。该模型从消费者的角度出发，囊括了个人、产品、环境因素，综合地描绘了人们接受科技产品的过程。

在这些科技接受度模型的基础上，很多研究者探究了老年人的科技接受度。研究发现，与年轻人相比，老年人更难接受科技产品，主要是因为对科技产品有用性的认识不够。例如，早期研究表明，在自动售货机、自动售票机、顾客电话服务和电话卡刚刚进入市场时，老年人抗拒这些新科技。即便是智能手机这样普及率很高的科技产品，老年人对手机基本功能和新功能的使用率也均低于年轻人[83]。低使用率的原因往往是他们并未感觉到这些新科技的明显优势。此外，一些研究表明，虽然老年人比年轻人对信息技术产品（如手机、个人电脑等）、电子健康设备（如血糖仪、血压计等）有更多的担忧，可用性评分更低，但他们对这些产品的态度却并不比年轻人更加负面，因为他们觉得这些科技是有用的[27,84]。另一广为探究的问题是可用性。与年轻人相比，可用性对老年人的影响更大[81,85]。此外，和年轻人相比，老年人更担心新科技带来的安全隐患、科技监视[27,86]。

老年人是一类独特的群体，衰老给他们带来身体、心理的一系列变化。老年人运动、感知、记忆等机能的衰退使他们在接受新科技时面临着比普遍人群更多的困难。同时，老年人有着不同于年轻人群的需求，这也会使得他们对科技产品有用性的判断不同。因此，建立针对老年人群体的科技接受度模型是必要的。

Rose 和 Fogarty[87]在 TAM 模型的基础上考虑了 4 个外部因素：自我效能（self-efficacy）、科技不适感（technology discomfort）、感知风险（perceived risk）、身体接触（personal contact）。这些因素对科技接受度的影响被基于自助银行购物场景下的问卷调查所验证。Chen 和 Chan 基于 TAM 模型，提出了针对老年人的 8 个外部因素[88]，包括科技自我效能（gerontechnology self-efficacy）、科技焦虑感（gerontechnology anxiety）、促进条件（facilitating condition）、自我汇报的健康状况（self-reported health condition）、认知能力（cognitive ability）、社会关系（social relationships）、生活满意度（attitude to life and satisfaction）、身体机能（physical function）。这些因素的重要性被 1 102 份中国香港老年人（55 岁以上）的问卷数据所验证。Niehaves 和 Plattfaut 则基于 UTAUT 模型[89]考虑了社会、设备的实用性和趣味性、家人和朋友的影响等因素，建立了针对老年人的科技接受度模型，该模型解释了 88% 的老年人的科技接受度。近期，Talukder 等人基于 UTAUT2 模型[90]，考虑了老年人生理、心理和社会特征，提出了 3 个针对老年人的因素——拒绝改变（resistance to change）、科技焦虑（technology anxiety）、自我实现（self-actualization），并通过针对中国老年人的问卷调查验证了这 3 个因素的重要性，并发现当自我实现成为重要因素时，易用性变得不再重要，但有用性依旧重要。

这些研究表明，尽管老年人的科技接受度与年轻人有相似的地方，但还是有着很多的不同。与年轻人相比，老年人在接受科技方面有着更多障碍，包括可用性问题、对安全的担忧、抗拒改变等。但是，老年人追求设备的有用性。当产品足够有用时，他们可以接受低可用性并愿意承受可能的风险去接受新的科技。因此，了解老年人的需求，促进其对科技实用价值的认识，是提升老年人科技接受度的重要方向[91-92]。

2.2 可穿戴设备采纳度

可穿戴设备指可以直接穿在用户身上，或者整合到用户的衣服或配件上的一种便携式设备[93]。通过软硬件结合、数据交互和云端交互，可穿戴设备给用户提供了强大的功能。目前对可穿戴设备的分类标准并不统一。Cicek[94]总结，可以使用两个标准来分类可穿戴设备：一是根据产品形态，可以将可穿戴设备分为腕带式、足戴式、服装式和头戴式；二是根据产品功能，可以将可穿戴设备分为卫生健康设备和信息获取设备等。其他的分类标准还包括是否是有线连接和是否是主动响应等。在众多的可穿戴设备中，智能手环、智能手表这样的腕带式可穿戴设备的普及率最高[38]，是目前最主流的可穿戴设备。

目前，已经有学者和企业将可穿戴设备用于养老服务中。其中，最重要的功能是健康数据监测。许多可穿戴设备已用于测量医疗保健监测中的生命指征，如心电图、脑电图、皮肤温度等，以及其他重要健康指标，如心率、睡眠等[24,95]。这些数据被可穿戴设备及时地收集和处理，并传递给老年人、看护者和医疗人员，以实现实时的信息同步。可穿戴设备的另一个重要应用方向是活动识别。目前，市面上绝大部分可穿戴设备均能实现步数、游泳、跑步等运动方式的识别，如 Apple Watch，Samsung 等。同时，更多更复杂的动作识别系统也在不断被开发中[95]。如一个基于鞋类的可穿戴系统 SmartStep，可以识别运动和日常活动，准确率达到 82.5%～97%[96]，还有能区分日常活动和摔倒的系统算法，准确率和灵敏度可达 94.7%[97]。可穿戴设备不仅可以收集数据，还可以作为输出端，为老年人提供随身警示和提醒[98-99]，还包括 GPS 定位和康复训练等重要功能[7,95,100]。基于可穿戴设备的强大功能和巨大潜力，可穿戴设备被看好成为物联网、智能家居时代的重要组成部分，为老年人远程看护和自我健康管理提供重要的技术支持[23,95]。因此，改善老年人可穿戴设备的使用体验，提升接受度和采纳度，具有重要意义。

2.2.1 感知价值与感知障碍

用户使用科技产品是因为他们希望产品可以满足他们的需求，并为他们提供一定价值[82]。只有当科技产品提供的价值超过用户获得和使用产品所花费的成本和努力时，用户才会考虑使用它们。具体的某个或某类产品，还需要比替代品在这方面做得更好。因此，分析可穿戴设备为用户带来的价值以及用户使用过程中的障碍，对于理解和预测用户使用意愿和采纳决策，具有重要的意义。

研究表明，可穿戴设备可以带给用户享乐价值，即乐趣、兴奋或愉悦的体验[18,24,101]。大多数研究中将可穿戴设备的享乐价值归因于设备的外观[19,24-25]。除外观外，设备便利的操作、舒适的设计，以及换表盘、玩游戏或浏览应用的过程也会使用户感到愉快[16,22,102]。

然而，产品的实用价值才是用户使用可穿戴设备的关键驱动力。绝大多数研究将实用价值考虑为产品的有用性（usefulness）或功能性（functionality）。作为科技接受度模型的重要因素，有用性显著地影响着用户对可穿戴设备的接受度。绝大多数考虑了有用性的研究都发现了有用性对态度和接受度的显著作用[15,21,25,90,103]。有用性的概念并不是一成不变的。早期的科技接受度模型，如 TAM 和 UTAUT 模型，将科技产品的有用性概念化为提升工作绩效，而随着科技产品功能的多样化,有用性的概念变得更加宽泛,被描述为产品帮助用户完成任务带来的实用价值,包括提升生活质量、使购物更加方便等。具体到可穿戴设备,其提供的实用价值也是多样的。如 Hong 等人[18]考虑了智能手表来电/电话提醒、接收新闻、激励健康行为和追踪日常活动等 4 项功能;Goodyear 等人[104]探究了可穿戴设备在支持年轻人学习健康知识方面的作用;Canhoto 和 Arp 的研究[101]表明用户通过可穿戴设备进行健康和运动监测等。

享乐价值和实用价值都会增加用户采纳可穿戴设备的可能性,但其重要性在采纳过程中随着用户的使用经验不同似乎会有所变化。在初步接触阶段,享乐价值似乎更为重要。Wu 等人[15]、Choi 和 Kim[21]、Gu 等人[105]针对无可穿戴设备使用经验用户的研究均发现,享乐价值对使用意愿的影响大于实用价值,是采纳早期最重要的因素。然而,实际使用后,用户更看重实用价值。Hong 等人[18]、Park[23]、Pal 等人[22]、Talukder 等人[90]都发现,对于有经验的用户而言,享乐价值对其持续使用意愿的影响小于实用价值。Dehghani 和 Kim[20]考虑了外观设计、屏幕尺寸和独特性这 3 项与享乐价值有关的因素,分别研究了这些因素对无可穿戴设备使用经验的用户的购买意愿和对有使用经验的用户的使用行为的影响,发现这 3 个因素可以解释 37% 的购买意愿,却只能解释 24% 的实际用户使用行为,说明对于有实际使用经验的用户而言,享乐价值的重要性降低。一个例外是 Yang 等人的研究[24],他们发现对于无可穿戴设备使用经验的用户而言,实用价值的作用略大于享乐价值,而对于实际用户则相反。除使用经验外,产品类型也会影响享乐价值和实用价值的重要性。Gao 等人的研究表明[17],同样是实际使用过的用户,享乐价值对将可穿戴设备用作医疗用途的用户的持续使用意愿的影响不显著,但对整体用户(包括将可穿戴设备用于运动目的和医疗目的)而言,其影响是显著的,而实用价值的影响则始终显著。

目前,研究中提到的感知障碍主要包括绩效风险、隐私泄露、社交风险、健康风险、金融风险、环境污染等,主要反映了初步接触时,用户对使用产品的不确定性的担忧[24-25,106-108]。其中,绩效风险指由于产品失效以及由失效带来的损失,这对潜在用户而言尤为重要[24-25]。对隐私泄露的担忧主要来源于对信息处理和存储的不信任[109],用户会担心自己的个人私密数据被设备滥用。Gu 等人[105]基于可穿戴设备的购物场景发现,用户对可穿戴设备购物的信任是其使用意愿的主导因素。社交风险指佩戴可穿戴设备会引起他人异样的眼光[33,106]。健康风险指用户对使用可穿戴设备可能影响身体健康的担忧,如辐射、爆炸等[106-107,109-110]。用户对使用可穿戴产品可能带来的经济损失和环境污染的担忧也影响他们的购买意愿[24-25]。对于有实际使用经验的用户而言,如果以上的不确定性被确认,则这些问题会降低他们的持续使用意愿。如对绩效风险的确认,即发现数据不准确、功能不达预期等,显著地影响了实际用户的持续使用意愿[22]。由于隐私泄露难以被确认不发生,隐私泄露风险对于有实际使用经验的用户的持续使用意愿依然有显著影响[17,22]。与此同时,有了实际使用经验后,用户开始被一些在初步接触时无法判断的因素影响,如舒适性和电池续航等[22,26]。一个值得注意的问题是用户的采纳意愿和实际采纳行为可能并不相同。Dehghani 等人[26]发现,不舒适的穿戴体验会显著地降低用户的持续使用意愿,但对实际使用行为的影响并不显著。此外,可用性问题也会降低用户持续使用的意愿[17,85],但是该因素受到产品类型的影响。Gao 等人[17]发现,将可穿戴设备用作运动用途的用户的持续使用意愿不受可用性影响。

2.2.2 可穿戴设备采纳的影响因素

目前,许多研究分析可穿戴设备采纳的影响因素,目的是为可穿戴设备设计者提供有价值的建议,以促进可穿戴设备的普及。因此,最受关注的影响因素是产品方面,涉及易用性、穿戴舒适性等众多特征。

易用性作为科技接受度模型中的重要因素,对可穿戴设备接受度的重要影响已经被大量研究证实[19,33,103,106,109]。研究者们进一步地探讨了不同方面的可用性的影响。比如,Hsiao 和 Chen[16]发现,软件界面导航和硬件操作都对用户态度有显著影响,但硬件操作的影响更大;Kim 和 Shin[103]考虑了时间上的可用性(availability)和空间上的可用性(mobility),发现空间上的可用性的影响大于时间上的;然而,Dutot 等人[111]的研究发现,对于中国和泰国用户而言,时间上的可用性的影响不显著,而空间上的可用性的影响是显著的,只有对法国用户的研究结果显示二者均有显著影响,但时间上的可用性的影响较小。

由于可穿戴设备与皮肤紧密接触且需要长期佩戴,穿戴舒适性在决定接受度中的角色也很重要。可穿戴设备需要提供舒适的、满意的佩戴体验,才能避免用户因不适而放弃使用。研究者们将设备的穿戴舒适性纳入他们的可穿戴设备接受度影响因素模型中,并证实了它对消费者的感知易用性和对可穿戴技术的态度的影响[25,90,112-113]。关于弃用原因的研究也显示,超过三分之一曾经使用过可穿戴设备的用户声称自己因为穿戴舒适性问题而放弃继续使用[114]。

可穿戴设备可以被佩戴在身上,具有一定装饰特性,因此,其美观性也影响着用户的态度和使用意愿。一些用户更多地将智能手表、智能眼镜或智能衣物看作一种时尚产品而非科技产品,因此会根据其外观特征,如设计、形状、颜色、质地等,决定对产品的态度。在聚焦尚未实际使用过的人群的研究中,美观性被发现是对使用者态度和使用意愿影响最大的产品属性[15-16,115]。Dehghani 和 Kim[20]关注了潜在用户和实际用户两类群体，分析了外观设计、屏幕尺寸和独特性对他们购买意愿和使用行为的影响。结果发现，外观设计对两类群体而言均是显著且最重要的因素。其中，潜在用户的购买意愿受外观设计和独特性的影响；而实际用户的使用行为则受到外观设计和屏幕尺寸的影响，外观设计的作用还受到性别因素的调节，即外观对于女性用户的使用行为影响更大。Dehghani[116]进一步发现，即便是对于实际用户，外观依然对实际使用频率有着显著的影响，且其影响大于操作难度、附加功能和健康功能，但小于舒适性。

产品的可信度会影响用户对产品的接受度。和其他新出现的科技产品一样，用户对可穿戴设备的信任影响着其是否使用可穿戴产品[105,111,117]。Rupp 等人[85]将用户对可穿戴设备的信任分为 5 个维度，分别是隐私、数据效度、设备可靠性、系统能力和系统透明度，但是并没有发现信任对使用意愿的显著作用。

除了设备本身的因素外，人们采纳可穿戴设备的决策也受到个人因素、环境、满意度、任务-科技契合度等多重因素的影响[16,22,109]。其中，个人和环境因素较为复杂，相关的研究也更为丰富。个人因素，包括社会人口变量（年龄、性别、教育程度）、个人创新性、产品参与度、科技自我效能和性格特征等，这些都会对可穿戴设备的采纳决策产生影响[109]。研究发现，与男性用户相比，女性用户的科技经验更少，感受到的可穿戴设备的有用性更低，也更难采纳可穿戴设备[101,110,112]。和年轻人相比，老年人对可穿戴设备的担忧更多，使用难度更大，接受度也更低[27]。此外，虚荣心和对独特性的追求、科技自我效能和更外向的性格等也被发现与更高的可穿戴设备接受度和采纳度相关[21,118-119]。

影响可穿戴设备采纳的环境因素主要包括社会影响（social influence）和便携条件（facilitating condition）[15,17,24,103]。社会影响主要体现于社会形象和社会规范——作为一种会被他人看到的新科技产品，智能手表可以帮助用户体现个人特色和自我价值，从而建立社会形象[120]。同时，当发觉其他人都在用或都认为该设备有用时（即社会规范），用户对设备的采纳也会更高[108]。但 Hsiao[115]却发现，社会规范对采纳的影响并不显著。便携条件指用户周围的人或设施等能够提供的资源和帮助。良好的便携条件可以增强用户对产品可用性的感知，增加用户对产品的信任，进而提升其采纳的可能性[33,105,121]。

2.2.3 老年人的可穿戴设备采纳研究

与丰富的针对一般成年人的研究不同，针对老年人的可穿戴设备采纳研究并不充分。针对无实际可穿戴设备使用经验的老年人，研究者通过给老年人看产品的介绍视频或者海报,来形成其对产品各项特征的评价和对产品的采纳意愿[33,35]。结果显示,在没有使用经验的时候,老年人对可穿戴设备的使用意愿由对实用价值的期待主导。Li 等人[33]的研究结果显示,有用性、兼容性、健康状况和便携条件共同解释了 68.7% 的使用意愿,其中有用性的作用最大。他们还探究了社交风险和绩效风险,发现绩效风险对使用意愿的影响并不显著,但可以通过影响有用性间接影响使用意愿,而社交风险的影响并不显著。Kononova 等人[35]的研究则发现无使用经验的老年人期待着产品的功能能够更充分地展示。另一些研究者让老年人试用可穿戴设备以形成评价[39,85,122]。这些研究显示可穿戴设备的可用性是实际使用前阻碍老年人采纳的重要因素,而设备的有用性则是促使老年人采纳的主要动力。Steinert 等人[39]发现老年人在操作与设备匹配的手机应用、理解数据和数据界面时均有困难,且这些困难比设备外观设计和舒适感对老年人使用意愿的影响更显著。Ehmen 等人[122]关注可穿戴设备带子的影响,并指出老年人难以调节带子长度和扣上锁扣。

还有一些研究针对实际使用了可穿戴设备的老年人,探究影响他们对可穿戴设备采纳意愿的因素。Talukder 等人[90]针对有可穿戴设备使用经验的老年人的问卷研究表明,绩效期待(即有用性)和社会影响是决定老年人持续使用意愿的重要因素,而付出期望(即可用性)对持续使用意愿的影响并不显著。Kononova 等人[35]针对具有不同使用经验的老年人开展焦点小组讨论,结果发现,无使用经验的老年人喜欢设备中各种体育活动的监测功能,有短期使用经验的老年人喜欢监测心率的功能,而有长期使用经验的老年人则更喜欢接收消息提醒功能以及步数和卡路里的监测功能。研究发现,有长期使用经验的老年人比有短期使用经验的老年人更认同设备的有用性,更有可能每天佩戴设备[40,123]。这些研究结果表明,功能的有用性,包括整体的绩效期待和对具体功能的期待是促使老年人使用设备的重要因素。Keogh 等人[34]的研究甚至表明,只要设备足够有用,老年人可以接受较差的舒适性和方便性。此外,界面可用性同样是关键因素[37,41-42,124]。Preusse 等人[42]让参试者使用可穿戴设备一个月,发现可用性问题是阻碍老年人使用设备的关键因素。他们既遭遇应用程序安装和设备设置的困难,又被数据解释和信息输入的问题所困扰。另一个经常提到的因素是穿戴舒适性,被众多研究者们确定为是实际使用中重要的因素[90,125-126]。此外,隐私保护、数据准确性和美观等产品属性,以及社会影响和自我效能等因素也会影响老年人对可穿戴设备的采纳度[34,37,126]。

针对便携式电脑的研究表明,随着使用经验的变化,用户对产品各项特征的评价可能会发生变化,这些特征对用户接受度的影响随之变化[32]。然而,关于老年人用户体验的追踪研究有限。McMahon 等人[127]比较了老年人短期(10周)和长期(8个月)的用户体验。他们表示大多数参试者在易用性、有用性和接受度方面的评价是积极的,但易用性和接受度的评价随着时间显著下降。同样,Lee 等人[128]研究发现老年人的采纳意愿在 3 个时间点显著下降,分别是第一周、第七周和第十三周。他们还发现,老年人在运动方面的表现(即步数和中高强度运动时间)显著下降,对隐私的关注度也明显下降。然而,由于仅使用问卷,这些研究无法解释老年人评分的变化,也没有提供老年人实际生活中的相关信息。相反地,另一些研究人员采用了访谈的形式进行研究。Schlomann[36]在参试者使用该设备一年后回访了 6 位老年参试者。研究显示,参试者在使用设备一年后已经建立了习惯,但他们的日常使用主要是被动的使用。此外,Abouzahra 和 Ghasemaghaei[37]的研究与其非常相似:在使用前和使用后一周,研究者对 26 名参试者进行了采访,并观察到参试者对可穿戴设备的积极态度和感知价值均有所下降。然而,这两项研究并未就不同因素对采纳意愿的相对重要性提供见解。随着对可穿戴设备使用的深入,老年人经历了一系列变化,然而,目前的研究并未充分捕捉和阐明这些变化。因此,实施长期追踪研究以观察老年人采纳可穿戴设备的整个过程是有必要的。

可以看到,可穿戴设备的有用性在老年人使用可穿戴设备中起到了重要作用,但是,目前的研究对有用性采用的抽象层次并不恰当。可以发现,问卷研究多用有用性(usefulness)或性能(performance)整体地描述设备的有用性,而访谈研究中则多体现老年人对功能的评价。前者过于概括,并不能反映用户实际上的多种需求和产品的多方面功能;后者则过于详细,在推广结果时缺乏说服力。因此,应当引入一个恰当的概念连接功能与需求,以更好地反映产品的有用性。此外,老年人使用可穿戴设备的问题集中在可用性上。可穿戴设备的尺寸很小,却提供了丰富的信息,这为老年人带来便利的同时,也为其使用带来了巨大的挑战。因此,有必要全面了解老年人使用可穿戴设备过程中遭遇的可用性问题,为后续的改善提供基础。

2.2.4 可穿戴设备的可供性

可供性(affordance)这一概念可以溯源到学者 Gibson[129]。他用这个词来描绘环境为主体(人或者动物)提供的资源和支持,揭示了主体与其所在环境的互补性。另一类对可供性的理解来自 Norman[130]。他将 affordance 这一概念引入人机交互领域,以指代那些向用户提示设备该如何操作的元素。有一种观点是通过关注可供性的概念关系调和了不同的可供性概念[131-134]。这种观点认为,可供性是主体在与环境中的物体的相互作用中实现的。在这个概念中,可供性被定义为物体提供目标导向行为的可能性,与目标导向的主体有关[133]。这种解释已经被很多研究验证[133-135]。

调节行为观点(mediated action perspective)是在 Gibson 的理论基础上结合行为理论(activity theory),认为科技(或其他工具)调节了人的思维和行动,并作用于物体[136]。在这种观点下,可供性主要包括两类:其一是工具性可供性(instrumental affordance),包括处理可供性(handling affordance)和作用可供性(effecter affordance),分别指人对科技的处理和科技对物体的作用;其二是辅助性可供性(auxiliary/supplemental affordance),包括维持可供性(maintenance affordance)、聚合可供性(aggregation affordance)和学习可供性(learning affordance),分别指支持对产品进行必要的改动以保持其可以工作、支持与其他产品的聚合以实现更多功能以及支持学习。

一些研究将可供性作为需求和特征之间的桥梁,以帮助理解产品是如何满足用户需求的[137-138]。Karahanna 等人[137]针对社交媒体,整理了 14 篇文献中的 12 条可供性,如自我展示(self-presentation)可供性、自我认可(self-identity)可供性、竞争(competition)可供性等,并将这些可供性与心理需求(即自主性、归属感和能力感)关联起来,发现每项可供性都与一项或几项心理需求显著相关,如自我展示可供性与自主性和关联性显著相关,说明正是社交媒体的自我展示可供性满足了用户对于自主性和关联性的心理需求。类似地,Jiao 等人[139]针对知乎这一线上知识社区,确定了其主要的可供性(包括内容分享、关系构建等),将知乎的功能与这些可供性进行匹配,进而分析了这些可供性与用户的心理需求(包括自主性、归属感、能力感、自我认同表达等)之间的关系。结果显示,不同的可供性与用户的不同心理需求关联,如归属感和自我认同表达的心理需求都与关系构建可供性显著相关。这样,可供性架起了功能和用户需求之间的桥梁,以一个恰当的抽象层次,描绘了产品满足用户需求的途径,有助于从业者理解用户和有针对性地做出改善。

最近的研究将可供性的概念应用于可穿戴设备领域,但研究数量非常有限,关注点也各有不同。Benbunan-fich[140]以可供性的调节行为观点作为线索,分析亚马逊网站上提取的 373 条评论,通过文本分析得到可穿戴设备的工具性可供性和辅助性可供性存在的问题。由于针对的是用于自我测量的可穿戴设备,他将工具性可供性中的处理可供性分为交互可供性和穿戴可供性,将作用可供性重构为自我作用(self-effecter)可供性。结果发现,可供性的集成和不一致为用户的使用带来严峻挑战。James 等人[141]收集了 100 份有运动可穿戴设备使用经验的用户填写的问卷,探究了产品特征与可供性的关系。结果发现,内在的锻炼目标(乐趣和能力感)和身体目标(保持形体和健康)均与数据管理功能显著相关,而社交目标则与锻炼控制特征、社交特征均显著相关。Bower 和 Sturman[142]则关注可穿戴设备在教育方面的可供性,并最终获得了可穿戴设备的 14 个可供性(如交流沟通、记录、参与度等)和 13 个相关问题(如作弊等),并聚合得到 3 个主题,分别是教学用途、教育质量和后勤。Rapp 和 Cena[143]通过日记研究来捕捉用户的使用行为,提出了由 3 个特征(即交流性、动态性和被动性)组成的可穿戴设备的可供性模型,认为可以通过提升和组合以上 3 个特征来开发和提升可穿戴设备的可供性。如为了提升可供性,可以从提升动态性出发,使得产品不仅可以对用户动作做出反应,还可以对环境变化做出反应。

然而,以上以可供性为线索的研究只侧重于可穿戴设备的某一方面,没有全面反映市面上比较普遍的腕带式可穿戴设备的功能,进而不能全面洞察用户的实际使用情况,也就无法为从业者提供贴近实际的诊断性意见。大多数商用腕带式可穿戴设备能够支持多种需求,包括监测健康数据(如心率和睡眠)、监测身体活动(如步数和距离)、接收通知和提醒、与他人交流、检测健康风险、寻求社会支持等[7,12,109]。这些丰富的可供性并没有在以上研究中体现出来。另外,没有采用可供性为线索的可穿戴设备的研究则主要通过性能(performance)、有用性(usefulness)或功能性(functionality)等概念来整体地刻画设备的能力[24,34,40,125],或研究用户对功能的使用情况[35-37]。然而,前者缺少细节,难以准确反映用户的不同需求,从而在指导设计上作用有限;后者则过于具体,以至于难以推广到更广泛的设计中。在此情况下,可供性的概念作为整体功能和特定功能之间的抽象层次,既能反映产品特征,又能描述产品的多样功能,恰当地体现了产品通过功能服务用户的途径,因而有助于产品设计者有针对性地对产品做出改善。因此,我们认为,有必要以可供性为线索,探究现有的可穿戴设备为用户提供了怎样的实用利益,从而深入了解用户的使用和决策以及产品存在的优点和不足,以更好地服务用户。

然而,市面上主流的腕带式可穿戴设备(如智能手表和智能手环)的功能比较有限,并不包含前述研究中提到的所有功能。如大多数市面上的智能手表或手环中都没有风险预测、导航等功能。因此,需要结合实际的产品调研,以确定腕带式可穿戴设备的可供性。

2.3 穿戴舒适性

2.3.1 穿戴舒适性评测

穿戴舒适不仅包括身体感觉,还包括一种心理状态,通常与"放松"、"积极感觉"和"没有不适"有关[144-146]。在可穿戴设备的场景下,穿戴舒适性可能会受到产品物理属性(如材料、重量等)[147-149]、个体因素(如年龄和皮肤敏感性)[150-152],以及环境因素(如使用场景和温度)[146,153-154]的影响。这些因素显著影响可穿戴设备的整体舒适度,进而影响用户满意度[155]和采纳可能性[156-157]。通过研究这些因素,设计师可以更好地解决可穿戴设备舒适度的问题,使其更自然地融入用户的日常生活。

大量研究表明,穿戴舒适性是多方面的,包括穿戴设备所产生的所有身体感觉和心理感受。为了了解如何评估穿戴舒适性,我们总结了以前的研究中用于测量穿戴舒适性的题目,并根据它们所描述的方面对其进行分组(表2.1)。为了涵盖更多的项目和维度,我们的研究不仅包括可穿戴设备,还包括了服装舒适的内容。如表2.1所示,穿戴舒适性的评测主要包含7个方面。

- 热度和湿度:这一方面在服装舒适度研究中最常被引用[144,158-159],涉及设备如何影响佩戴者身体的热平衡。在炎热的环境中,如东南亚地区或运动场景中,舒适度尤为重要[158]。
- 压力:与设备或布料对佩戴者皮肤的压力引起的感觉有关。可穿戴设备研究和服装研究都提到了这个维度[160-161]。
- 运动:指佩戴者在运动时产生的不适,包括设备或服装抑制了佩戴者的运动或设备不稳定[158,162]。
- 触感:表示接触衣服或设备时的触觉感受,如光滑或过敏反应[144,158,160-161]。
- 情绪:描述佩戴设备时产生的尴尬感[160]。
- 损伤:指可穿戴设备带来的痛苦和有害的体验,由Knight和Baber[160]所提出。
- 焦虑:涉及对设备的安全性和可靠性的担忧带来的不适[160]。

还有一些题目(如可拉伸/不可拉伸,厚/薄)被用来评估衣服的织物性能,不能归为上述任何一个方面[144,159]。

目前还没有针对腕带式可穿戴设备的舒适性评测工具。大多数关于穿戴舒适性的研究都集中在服装上。最接近的相关研究可能来自Knight和Baber,他们对头盔和个人电脑进行了测试,得出的结论是运动和伤害等因素对佩戴舒适度影响显著。然而,与他们研究中的设备相比,像智能手表这样的腕带式设备更小、更轻、更便携,这可能会导致不同的舒适度感受。尽管近期有几项研究关注腕带式可穿戴设备[146,162],但它们是定性的或探索性的,并未验证评估工具。因此,有必要针对腕带式可穿戴设备开发评估工具,以便于设计人员高效地开展舒适性测评。

表 2.1　穿戴舒适性评测题目整理

舒适度方面	题目	来源
热度和湿度	热传递 湿度传递 透气性 隔热性 感到热/冷 容易带走汗	[144,158,159]
压力	感到太松/太紧 设备带来的压力感太重/太轻 设备太重/太轻	[160,161]
运动	设备很稳定/不稳定 我感觉设备不活动/在活动 设备阻碍/不阻碍我的活动	[158,162]
触感	手感很好/不好 粗糙/光滑 过敏/不过敏 瘙痒/不痒 刺痛/不刺痛 柔软的/硬的	[144,158,160,161]
情绪	我感到担心和尴尬 我感到紧张 如果它是隐形的,我会戴上它	[160]
损伤	这设备会对我造成某种伤害	[160]
焦虑	我觉得这设备不安全 我觉得我没有把这个设备佩戴好 我觉得这个设备没有正常工作	[160]
其他	有拉伸性的/没有拉伸性的 厚/薄 僵硬的/灵活的	[144,159]

2.3.2　客观压力和压力舒适

设备对人体施加的物理压力对可穿戴设备的佩戴体验至关重要。为了提供关于适宜和舒适压力水平的实际建议，实证研究通过感知测试和压力测量来探索客观压力与个人舒适感受之间的关系，如表2.2所示。

如表2.2所示，许多研究集中于服装压力的舒适性，使用压缩带对身体不同部位施加压力，并使用传感器来测量压力。Wang等人[163-164]研究了人体各部位的压力阈值，结果表明，下半身的舒适压力阈值在 1.33~3.11 kPa 之间，上半身的舒适压力阈值则在 0.87~2.54 kPa 之间。相比之下，Liu等人[165]使用3D虚拟现实技术模拟人类活动，报告的阈值要高得多（即 10~20 kPa），不同身体部位数值不同。另一些研究则关注设备（如工具或头戴式设备）对身体施加的压力，使用压力计或加压系统进行测试。在这些研究中，Dueñas等人[166]报告的舒适压力阈值最高，最高值在脚跟处，为 1 700 kPa，而最低值在拇指处，为 1 200 kPa。针对耳部或头部产品的研究表明，当压力超过 100 kPa 时，通常会引起不适[167-168]。此外，Kermavnar等人[169-171]研究了人体下肢、膝盖和头部等不同部位的压力舒适性，结果显示，压力不适阈值在 10~200 kPa 之间。

然而，上述研究并未针对腕带式可穿戴设备的压力舒适性进行深入研究，因此，什么样的压力水平是合适的，至今仍不明确。目前，最相关的研究是Naylor[172]进行的测试。他测量了10名参试者腕部所受的压力，收集了参试者的压力舒适反映，并分析其与传感器信号质量之间的关系。由于该研究并未主要聚焦于压力舒适，因此有关不适感的报告较少，且未发现客观压力与主观不适感或疼痛之间存在显著关联。因此，腕带式可穿戴设备的舒适-不适压力范围仍未被充分研究。

此外，腕带式可穿戴设备是通过表带固定的，因而表带的材质可能影响佩戴者对压力的感知[145-146,173]。例如，Park等人[157]发现，由于贴合度较好且重量分布较均匀，柔性聚合物材料比刚性材料（如丙烯腈-丁二烯-苯乙烯共聚物）在前臂等圆柱形身体部位上更能承受重量，用户觉得更舒适。因此，本研究旨在通过实证实验识别腕带式可穿戴设备佩戴者在不同压力下的舒适-不适感知，并考虑腕带材料的影响。通过解决这一问题，我们能够更好地了解腕带式可穿戴设备的压力舒适性，提高相关的设计效率，最终促进用户满意度和整体体验感的提升。

表2.2 客观压力与压力舒适相关研究整理

来源	应用场景	身体部位	影响因素	压力不适范围
[166]	矫形器和鞋类设计	足底	年龄、性别和BMI	1 200~1 700 kPa
[170]	软外骨骼设计	下肢	加压模式	12~32.2 kPa
[169]	软外骨骼设计	下肢	加压模式、袖口宽度	14.1~27.5 kPa

续表

来源	应用场景	身体部位	影响因素	压力不适范围
[171]	软外骨骼设计	膝盖	加压模式	13.7～30.4 kPa
[165]	服装设计	下半身		10～20 kPa
[167]	头戴产品	头部	性别	65～190.7 kPa
[164]	服装设计	下半身		1.33～3.11 kPa
[163]	服装设计	上半身		0.87～2.54 kPa
[168]	入耳式可穿戴设备	耳朵	性别	133～193 kPa

2.3.3 舒适性感知的年龄差异

相同的产品设计在不同年龄段的个体中可能会导致不同的舒适度评价[174-175]。这种差异主要是随着年龄的增长，人类生理机能的改变所引起的。随着年龄的增加，人的外周神经系统开始退化，这会导致对外部刺激（如压力或温度）的反应延迟[166,176]。这种反应延迟会显著影响个体对舒适度的感知。此外，衰老会导致皮肤变得更加干燥、硬化且弹性下降，还可能导致皮肤变形减少以及对压力的耐受性增加[166]。然而，这些变化也使老年人更容易感受到干燥和瘙痒[176-177]。另外，研究表明，慢性疼痛在老年人群中较为常见，并且会影响他们对舒适度的感知，特别是在压力、湿度和温度方面[176-178]。

实证研究表明，年龄影响个体对身体压力的感知，但不同身体部位的研究结果有差异。一些比较年轻人和老年人压力感知的研究表明，老年人在足部和头部能耐受更高的压力水平[150,166]，而对于前臂和手部的压力，老年人则表现出更高的敏感性[179-180]。最近的一项荟萃分析回顾了有关年龄差异与压力感知的研究[181]。该研究显示，在手臂和肩部等区域，老年人由于衰老导致的体感感知下降使他们可以忍耐更大的压力。然而，对于面部等其他区域，研究结果并不一致。鉴于这些不一致的发现，越来越多的研究者呼吁开展涉及不同年龄群体的进一步研究，以更深入地理解压力舒适在整个生命周期中的变化[166,176,181-182]。

除了压力感知外，许多研究还强调了老年人与年轻人在其他方面舒适评价的差异。例如，神经系统的老化使老年人相比年轻人更偏好较高的温度[176,183]。此外，老年人与年轻人使用设备的方式往往也存在差异。以腕部佩戴设备为例，不同的环境因素和用户动作都会影响用户对舒适的感知。例如，由于运动技能和心肺功能的下降，老年人较少参与高强度的运动，更多倾向于温和的活动（如散步等）[184-185]。另外，年轻用户中常见的日常活动，如学习或办公，可能在老年群体中,尤其是退休人士中较少出现。鉴于使用场景对舒适度的显著影响[146],在研究不同年龄群体的腕带式可穿戴设备的舒适性时,必须考虑到与年龄相关的使用场景。

因此,在调查腕带式可穿戴设备的舒适度时,有必要考虑每个年龄组用户的具体使用场景。这有助于增进对舒适性的了解,并可为提高不同年龄群体的穿戴舒适性提供具体建议。

2.4 对老年人友好的界面可用性设计

功能导航和数据呈现关系到老年人对功能的发现、使用和评价,对老年人认可穿戴设备的实用价值具有重要意义。因此,探究如何设计导航和数据呈现以提升老年人的界面可用性、降低科技产品使用门槛,对实现科技养老具有十分重要的作用。

2.4.1 对老年人友好的导航设计

导航设计有助于用户快捷地找到需要的功能。目前,绝大多数可穿戴设备都采取不分类的线状结构来展示功能,即将功能全部排列在菜单栏,让用户逐个地查看功能。然而,随着可穿戴设备的发展,设备中集成的功能越来越多。关于老年人对可穿戴设备的实际使用的研究表明,老年人对可穿戴设备功能的使用并不充分,往往只局限于计步、监测心率等简单功能[40,186]。这样的使用现状说明当前的可穿戴设备的导航设计并不合理,没有降低老年人探索功能的成本。因此,如何设计可穿戴设备导航以帮助用户找到功能,成为值得关注的问题。尽管目前尚未发现针对老年人可穿戴设备的导航设计的研究,但之前基于老年人对网页和移动设备的使用的研究表明,老年人认知能力的衰退使得他们非常容易在跨度广、层次深的菜单和导航中迷失[69,187-188]。导航设计中,至关重要的是结构的设计。除了线状结构外,其他被探究过的结构包括网状和层次结构等。此外,导航标签的命名也是影响设备对老年人的可用性的重要问题。由于老年人与设备设计者成长的时期不同,一些设计者熟悉的结构和语言对老年人来说往往难以理解。曾有学者建议通过卡片分类得到老年人在使用科技产品时的心智模型,以降低其在菜单中的迷失[69]。因此,通过老年人参与设计,设计合适的导航方式组织可穿戴设备的功能,减少老年人寻找功能所花费的精力,对提升其用户体验具有重要价值。

目前,针对老年人的导航设计研究多基于网页或移动设备,着重关心导航设计与心智模型的匹配程度、导航的层次和形状等。心智模型指的是用户对产品的工作和组织方式的理解[189]。当导航设计与用户的心智模型不匹配时,使用导航就会出现问题[190-191]。反之,与用户心智模型契合的导航设计则可以提升用户的绩效和体验[192]。心智模型是用户的使用经验结合其先验经验、认知模式(cognitive schemata)和解决问题策略等逐渐形成的。因此,用户使用设备的经验和年龄等都会影响心智模型的建构[192],导致对于不同类型的用户而言适合的导航设计不同。为了了解用户对产品的心智模型,研究中最常用的方法是卡片分类。卡片分类分为开放式卡片分类和封闭式卡片分类。在开放式卡片分类中,参试者面对一系列待组织的内容(卡片),将内容分出类别,为类别创建自己的名称,并可以根据自己的领域知识和经验自由地对信息进行分类,而不受外部影响。开放式卡片分类通常用于揭示参试者的分类模式,这有助于设计者产生组织信息的想法。而在封闭式卡片分类中,参试者被提供一组预先确定的类别名称,然后他们将卡片分配给这些固定的类别。封闭式卡片分类有助于揭示参试者对哪张卡片属于哪一类的认同程度。

不同形状、不同深度的导航设计体现了不同的心智模型,因而对老年用户的体验影响不同。Huang 等人[70]针对老年人的网页使用情况,比较了老年人在3种信息结构(网状、树状和线状)下的任务绩效。结果发现,老年人更偏好线状结构,在这一结构中花费的时间也更少,但在树状结构(即层次结构)中,老年人的点击数和回答问题正确率最高。此外,由于老年人的认知能力降低,层次过深的导航设计会增加老年人的认知负荷,导致他们因忘记所处的层级而迷失[193]。Ziefle 和 Bay[69]通过卡片分类探究了老年人的感知菜单深度。结果发现,老年用户构建的平均菜单层数为 2.1 层,而过深的层次将给他们带来理解上的困难。此外,与移动设备和网页相比,可穿戴设备的屏幕更小,一次能呈现的内容更少,可操作的空间有限,老年人遇到的与导航相关的可用性问题也会更为突出。因此,有必要探索对老年人友好的导航设计,以提升老年人的使用绩效和用户体验。

然而,尽管目前针对老年人的可穿戴设备的研究较多,但多针对接受度,并未深入探究导航设计。而随着腕带式可穿戴设备功能的日益丰富,研究腕带式可穿戴设备的导航设计将有助于设计人员有针对性地改善产品,以提升老年人的用户体验。目前,市面上常见的智能手表界面都是直接将所有手表应用排列在菜单界面中,而没有进行任何层次的分类,或只将一部分功能分为一类(如集合各种运动记录功能),其余均不分类。针对这一现状,Li 和 Chen[194]按照是否分类和蜂窝式或列表式,设计了 4 种智能手表菜单,比较了任务完成时间、错误数和可用性评价。结果显示,与不分类的导航设计相比,分类的导航设计提升了参试者寻找功能的速度和准确率,也得到了他们更高的可用性评价。然而,该研究只针对一般用户,并未关注老年人。由于老年人和年轻人在操作能力、记忆能力上的不同,以及在构建心智模型上的差异[69,192],在年轻人中得到的结论或许并不适用于老年人。此外,他们的研究既没有阐述分类的依据,也没有探索不同的分类方式。功能分类方式反映了设计者理解的用户心智模型,不同的分类方式或许会触发不同的体验和结果。对不同分类方式的探究有助于设计者更好地理解用户。

总之,目前非常缺少针对老年人的腕带式可穿戴设备导航设计的研究。随着可穿戴技术的发展,腕带式可穿戴设备的功能越来越丰富,造成老年人检索、发现功能的难度增加。因此,有必要让老年人参与腕带式可穿戴设备导航设计,探索老年人对腕带式可穿戴设备功能的理解,进而获得合适的导航设计。这样,将有助于降低老年人使用腕带式可穿戴设备的门槛,提高老年人使用设备的体验感,助力可穿戴设备更好地服务老年人。

2.4.2 对老年人友好的数据呈现设计

在可穿戴设备的可用性设计中,数据呈现尤为重要。正是通过数据呈现,可穿戴设备将收集的数据展示给用户,为用户提供实用价值。研究显示,有着易于阅读的呈现方式的设备更受人喜爱[195]。Steinert 等人[196]让 60 岁以上的参试者在实验室佩戴腕带,从应用操作、数据显示、数据理解等几个方面对设备进行评估。结果显示,数据理解和数据显示的重要性仅次于应用操作,说明数据呈现对无使用经验的老年人的体验来说至关重要。在实际使用中,与糟糕的数据呈现相关的问题,如难以找到想要的数据、缺乏对不熟悉功能的介绍以及难以理解呈现的数据等,仍然是老年人使用设备的主要障碍[42,197]。这表明,数据呈现对老年人接受可穿戴设备很重要。考虑到可穿戴设备显示的主流信息是与个人健康和身体活动相关的,包括各种指标和随时间变化的数据记录,数据显示应精心设计,以避免使老年人产生误解。糟糕的数据呈现阻碍老年人发现和理解数据,可能导致其对可穿戴设备的感知易用性降低,进而降低感知的有用性[198-199]、态度[16]和采纳意愿[17,126,200]。因此,深入考虑老年人的需求,设计对老年人友好的数据呈现方式至关重要。

一些研究人员提出了可穿戴设备的设计建议,以适应老年人身体机能上的退化[201-202]。在与界面设计相关的因素中,视觉是主要的关注点。视觉敏锐度的衰退不利于老年人识别视觉目标,因此需要视觉目标更大。同样,老年人晶状体的弹性降低,导致其眼睛的对焦能力下降,更容易造成眼睛疲劳[44-45]。此外,老年人识别碎片化和嵌入式对象的能力也有所下降[47-48]。因此,建议保守地使用颜色和细节复杂的视觉对象[202]。除了视觉方面,认知方面,如记忆力和注意力的退化,也是界面设计中需要考虑的主要问题。建议提供给老年人简洁、一致的信息,数据的呈现方式也应易于理解[201]。与此同时,老年人的专注能力也在下降。他们比年轻人更难以专注于核心内容,更容易受到无关信息的干扰[53]。因此,研究人员建议减少对不相关信息的呈现[201-202]。然而,这些可穿戴设备的设计建议只是提出了一般的设计目标,缺少如何操作的描述以及对这些建议的应用效果的实证研究,不利于可穿戴设备设计者实施。

如果不限于可穿戴设备,则已经有一些研究在探究如何改进数据或信息呈现,以提高设备对老年人的可用性。在这些研究中,被使用最多的手段是突出关键数据,具体的方法包括重构文本[74],以及给背景[73]、表格[203]、数据值和线条着色[73,204]。这些研究比较了改进后的数据呈现方式与原来的呈现方式(即没有改进的呈现方式)在参试者任务绩效和用户体验上的差异,结果表明,与没有改进的设计相比,改进后的数据呈现设计有助于老年人识别和理解信息。另一些研究人员则专注于隐喻设计,探究哪种类型的隐喻对老年人来说更容易理解和使用[75-76,205]。他们发现,当图标和它所代表的功能的关系密切而自然,以及使用具体而非抽象的隐喻时,老年人的错误减少了,对界面的可用性评价提高了。此外,界面中一次呈现的信息或数据的数量也会影响老年人的任务绩效和用户体验。与面对的信息量少相比,当面对的信息量大时,老年人的任务绩效降低[203-204,206]。此外,数据呈现设计的效果可能会随着信息量的不同而不同。例如,Vorgelegt[204]发现,在不同的数据量条件下,不同的数据呈现设计引发的感受不同。因此,在研究数据呈现设计的效果时,需要考虑数据量。此外,Nguyen等人[71-72]允许老年人在浏览网站时自主选择和切换到不同的模式,并发现这种根据个人偏好定制的网站对用户记忆信息有积极的影响。但是,以上的研究都是针对移动设备或网站,且界面均在电脑上呈现给参试者,针对可穿戴设备的研究还很少。

与本研究关注点最为接近的研究或许来自 Fang 等人[78]。该研究设计并比较了 4 种健康信息展示页面(即文本式、图表式、图片式和动画式)在可理解性(comprehension)、可用性(usability)、情感反应(affective valence and arousal)和信息解释正确性(interpretation accuracy)等方面的优劣。结果显示,不同的界面激发了老年用户不同的体验:图表界面在各方面的表现均不佳,而其他 3 个界面没有显著差异。然而,尽管这项研究的背景是可穿戴设备,但其界面却是在电脑上呈现给参试者的。与电脑不同的是,腕带式可穿戴设备佩戴在手腕上,随着用户的活动而移动,界面也远远小于电脑的展示界面。把基于电脑得出的结果应用于可穿戴设备可能会出现问题。另外,该研究的界面只显示单一的数据,没有考虑数据丰富的情况,而在不同的数据量情况下,数据呈现方式的效果可能并不一致[203-204,206]。

个人健康数据的采集和监控是腕带式可穿戴设备的核心价值和竞争优势,而糟糕的数据呈现会阻碍老年人感受腕带式可穿戴设备的价值,影响他们的持续使用。因此,提出针对老年人的数据呈现设计,并通过实验评估设计的效果,将有助于为可穿戴设备设计者提供实用的见解,让老年人能更轻松地从可穿戴设备中获益。

第3章

老年人腕带式可穿戴设备采纳意愿影响因素研究

3.1 研究目的

本章旨在探究不同使用阶段老年人腕带式可穿戴设备采纳意愿的影响因素，以及老年人的行为和用户体验等。通过 29 名老年参试者参与的实验室研究，本章探究初次使用时老年人遭遇的可用性问题以及对可穿戴设备的期待，进而将设备发放给 20 名自愿参与长期研究的参试者，通过为期四周、每周一次的追踪研究探究老年人在真实生活中使用行为和用户体验的变化。本章从老年人的实际生活出发，了解老年人采纳腕带式可穿戴设备的用户体验，有助于加深对老年人这一群体的理解，进而为针对老年人的可穿戴设备设计提供有价值的建议。

3.2 可穿戴设备采纳意愿影响因素模型

本研究中，我们采用可供性的概念作为整体有用性和特定功能之间的抽象层次，以描述腕带式可穿戴设备不同的能力。我们将腕带式可穿戴设备的可供性定义为设备为老年人提供的行动可能性。由于该定义建立在技术与用户之间的关系之上，它鼓励以用户为中心进行创新和发展。通过查阅文献[7,12,109]和调研市场上商用的腕带式可穿戴设备，我们确定了主流的腕带式可穿戴设备所服务的 4 个主要用户目标。

(1) 健康数据监测：可穿戴设备的相关文献和商用的腕带式可穿戴设备的功能调研结果都表明，健康数据监测是一项重要的功能。可穿戴设备通过心率、睡眠和心电图监测等功能帮助用户监测个人健康数据。在这些功能中，心率和睡眠监测最为普遍，大多数商业设备都具备。

(2) 运动监测：关于商用腕带式可穿戴设备的文献和研究都表明，运动监测很重要。可穿戴设备能够通过步数、运动模式和距离等功能帮助用户监测自身的运动情况。所有商用可穿戴设备都至少有一个身体活动监测功能，即步数监测。

(3) 通知接收：尽管鲜有研究关注这项可供性，通知接收在商业腕带式可穿戴设备中很常见，指的是腕带式可穿戴设备可以基于设备之间的同步通知提醒用户信息到达（如电话通知和消息通知）。目前，大多数设备通过振动来通知。

(4) 便携生活工具：大多数商用可穿戴设备都提供便携生活工具，如智能手机上的闹钟提醒、计时器、秒表、天气预报等，以方便用户的日常生活。智能手表的时间显示功能也属于便携生活工具。

基于以上的分析,本章确定了腕带式可穿戴设备的 4 项主要可供性,分别是健康数据监测、运动监测、通知接收和便携生活工具。

基于实用价值和享乐价值的一般框架[18,207-208],结合可穿戴设备采纳的实证研究[33,37,42,85,209],我们提出了老年人可穿戴设备采纳意愿的研究模型,如图 3.1 所示。老年人对可穿戴设备所提供的实用价值和享乐价值的感知将影响其对可穿戴设备的采纳意愿,而对可穿戴设备的功能性特征(即可供性)和体验性特征的感知将进一步影响其对价值的感知。基于相关文献,我们预期实用价值受可供性、穿戴舒适性和可信度影响,享乐价值受穿戴舒适性、易用性和美观性影响。本章将根据此模型,探究不同使用阶段中,老年人腕带式可穿戴设备采纳意愿的影响因素。

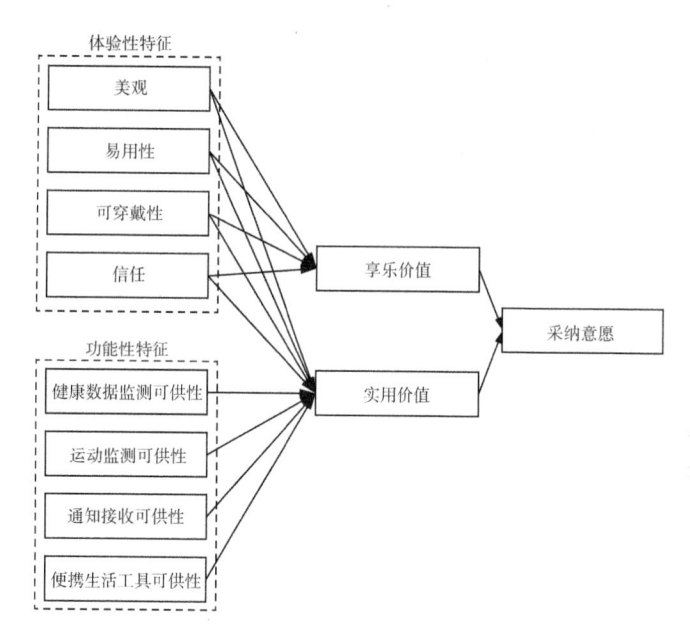

图 3.1　腕带式可穿戴设备采纳意愿影响因素模型

3.3　可供性与功能的匹配

在确定了 4 项主要可供性后,本章试图将常见的腕带式可穿戴设备功能分类到这 4 项可供性中,以实现可供性与功能的匹配,便于后续老年人对可供性的体验。

从市面上销量较好的 6 款智能手表或智能手环中,我们收集了总共 32 种常见功能。接下来,我们招募了 5 位志愿者,他们都是清华大学人因方向的博士生,且对智能手表非常熟悉。我们向志愿者们展示并描述了这 31 项功能,要求他们根据功能对用户的支持将各个功能对应到 4 种可供性。志愿者的分类情况和由此得到的可供性与功能的对应关系被整理在表 3.1 中。

表 3.1 功能与可供性的匹配结果

功能	可供性				最终分类
	1. 健康数据监测	2. 运动监测	3. 通知接收	4. 便携生活工具	
睡眠监测	5	0	0	0	1
心率监测	5	0	0	0	1
身体能量值	4	1	0	0	1
每日步数	1	4	0	0	2
训练模式	0	5	0	0	2
久坐提醒	1	3	1	0	2
来电提醒	0	0	5	0	3
消息提醒	0	0	5	0	3
消耗卡路里	1	4	0	0	2
找手机	0	0	0	5	4
指南针	0	0	0	5	4
天气	0	0	0	5	4
闹钟	0	0	0	5	4
秒表	0	1	0	4	4
海拔气压计	0	0	0	5	4
NFC 门卡	0	0	0	5	4
活动提醒	0	1	4	0	3
心率过高提醒	5	0	0	0	1
NFC 公交支付	0	0	0	5	4
NFC 扫码支付	0	0	0	5	4
锻炼路径轨迹	0	5	0	0	2
压力检测	5	0	0	0	1

续表

功能	可供性				最终分类
	1. 健康数据监测	2. 运动监测	3. 通知接收	4. 便携生活工具	
运动达标提醒	0	3	2	0	2
手电筒	0	0	0	5	4
测量PAI	4	1	0	0	1
站立活动记录	0	5	0	0	2
呼吸训练	3	2	0	0	1
恢复时间	0	5	0	0	2
股票	0	0	0	5	4
计时器	0	1	0	4	4
事件提醒	0	0	4	1	3

3.4 研究方法

针对初次使用阶段，本章展开实验室研究，得到老年人初次使用腕带式可穿戴设备时的行为和体验。进而通过为期四周的追踪研究，捕捉老年人实际使用中使用行为和用户体验的变化。通过分析问卷数据，不同使用阶段中老年人腕带式可穿戴设备采纳意愿的影响因素的变化被展示。

3.4.1 参试者

共29位参试者(72.4%的女性)参加了本研究，年龄从60岁到74岁(平均年龄66.1岁)。参试者是通过滚雪球法招募的。研究者联系到一位在社区工作多年的女性志愿者，并根据她的社会关系联系到了其余28位参试者。他们全部是退休人员，收入来源是退休金。所有参试者都每天使用手机，且最常使用的手机应用是微信。29名参试者均无腕带式可穿戴设备的使用经验。参试者的人口统计学信息见表3.2。其中，20名参试者自愿参加为期四周的追踪研究，佩戴可穿戴设备四周并每周参加回访。与普遍的老年人数据[210]相比，我们的样本偏向于受过教育、有足够社会支持的人群。这个群体很可能是第一批在他们的生活中接受和采纳新技术的人。因此，对这一特定群体的样本进行调查可以为针对老年人的可穿戴设备设计提供有价值的信息。

表 3.2 参试者个人信息

特征		人数	百分比（%）
性别	女性	21	72.4
	男性	8	27.6
婚姻状况	已婚	24	82.8
	丧偶	5	17.2
受教育水平	初中	9	31.0
	高中	9	31.0
	大学及以上	11	37.9
居住情况	和爱人一起居住	15	51.7
	和爱人、孩子一起居住	9	31.0
	和孩子一起居住	5	17.2
收入水平	<5 000 元	7	24.1
	5 000～10 000 元	22	75.9

注：本书中数据由于四舍五入略有误差。

3.4.2 设备

本研究选择了 6 个腕带式可穿戴设备：小米手环、荣耀手环、荣耀手表、Amazfit 智能手表、小米 Color 手表和 Garmin 手环（表 3.3）。之所以选择这 6 款设备，是因为以下原因。第一，所有这些设备都提供了我们关注的 4 种可供性（即健康数据监测、运动监测、通知接收和便携生活工具）。第二，这 6 款设备的功能有所不同，因此对可供性的支持程度不同，可以激发参试者对可供性的不同评价。第三，这 6 款设备在外观、尺寸、重量和材料上有着明显差别，可以激发参试者不同的外观评价和穿戴体验。第四，这 6 种设备之间存在一定的价格梯度，并在中国市场上很受欢迎[211]，具有一定的代表性。第五，这些设备均可与安卓或者苹果 iOS 系统的手机匹配，避免使用过程中因手机系统不匹配而产生问题。此外，虽然苹果手表在整体的腕带式可穿戴设备市场有较高的占有率[38]，但与其配套的 iOS 系统在中国老年人群体中并非主流[212]。绝大部分老年人使用安卓手机，更熟悉安卓系统。因此，苹果手表并未被选择。在实验开始前，这些设备已与研究人员的智能手机配对，以方便参试者体验手表的各项功能。在追踪研究中，选用了 4 款设备，分别是小米手环、荣耀手环、荣耀手表和 Amazfit 智能手表。除了以上提到的原因外，选择这 4 款设备还因为它们在初次使用时在老年人群体中接受度较高。

表 3.3　研究所用可穿戴设备

	小米手环	荣耀手环	荣耀手表	Amazfit 智能手表	小米 Color 手表	Garmin 手环
外观						
价格	199 元	399 元	749 元	1 299 元	699 元	799 元
续航	14 天	14 天	7 天	7 天	14 天	7 天
健康相关功能	心率监测、睡眠监测、压力监测、呼吸训练	心率监测、睡眠监测、血氧饱和度监测、压力监测、呼吸训练	心率监测、睡眠监测、压力监测、呼吸训练	心率监测、睡眠监测、血氧饱和度监测、压力监测、呼吸训练	心率监测、睡眠监测、压力监测、呼吸训练	心率监测、睡眠监测
运动相关功能	每日运动状态（步数、消耗卡路里、站立次数），11 种运动模式、个人活力指数监测	每日运动状态（步数、消耗卡路里、中高强度活动时间、站立次数），10 种运动模式	每日运动状态（步数、消耗卡路里、站立次数、活动时间、距离），10 种运动模式	每日运动状态（步数、消耗卡路里、站立次数），90 种运动模式、个人活力指数监测	每日运动状态（步数、消耗卡路里、站立次数），11 种运动模式、个人活力指数监测	步数监测、攀爬楼层数、高强度活动时间、消耗卡路里、行过距离
通知提醒相关功能	久坐提醒、来电提醒、消息提醒	久坐提醒、来电提醒、消息提醒	久坐提醒、来电提醒、消息提醒	久坐提醒、来电提醒、消息提醒、事件提醒	久坐提醒、来电提醒、消息提醒、事件提醒	消息提醒、来电提醒、久坐提醒
其他功能	闹铃、手电筒等	闹铃、手电筒等	闹铃、手电筒等	电话、闹钟等	闹铃、手电筒等	找手机、天气、闹钟
安卓平台	✓	✓	✓	✓	✓	
iOS 平台	✓	✓	✓	✓	✓	

3.4.3　量表设计

研究中通过问卷获得参试者的使用体验。问卷中的所有项目均采用李克特 5 点量表进行测量，从"（1）完全不同意"到"（5）完全同意"。对于穿戴舒适性量表的第二项（即耐用性）和可信度量表的第三项（即隐私问题），参试者表示由于缺乏经验而难以回答；在这种情况下，他们被告知选择 3 分，即中立。量表的来源见下。

- 可供性和体验性特征：通过将 Lu 等人[213] 的 3 个问题扩展到可穿戴设备的相应可供性，本研究评估了 4 项可供性。例如，将原来的问题"该设备的即时消息功能对我有用"扩展为"该设备的健康数据监测能力对我有用"，用于评测健康数据监测可供性。体验性特征的测量问题全部改编自先前的研究。
- 感知价值：享乐价值采用 Hong 等人[18] 的三项量表进行测量，题目如"使用可穿戴设备是件有趣的事"和"使用可穿戴设备让我感觉良好"。实用价值由 3 个项目来衡量，其中两个项目来自 Hwang 等人[25]，一个项目来自 Ashraf 等人[209]，题目如"使用可穿戴设备能满足我的相关需求""整体而言，使用可穿戴设备是有用的"。
- 采纳意愿：采用 Pan 和 Jordan-Marsh[214] 的有 3 个题目的量表，题目如"我有意愿之后使用这款设备"和"我对这款设备很感兴趣"。
- 使用频率：采用 Attig 和 Franke[114] 的使用行为量表中的 3 个问题来评估可穿戴设备的使用频率，如"我认为我使用设备非常频繁""整体上，我每天都经常看设备"。

3.4.4 实验流程

实验流程如图 3.2 所示。首先，研究者向参试者介绍本研究的目的和过程。参试者对此表示了解，并填写知情同意书后，研究者向参试者询问其个人背景信息，包括性别、年龄、婚姻状况、教育和收入水平等，以及参试者计算机、手机的使用情况以及他们使用智能手表的经验等。

然后，主试要求参试者按照可供性体验手表的功能。4 项可供性与对应功能见表 3.1。每次体验的过程中，参试者按照主试提供的功能表格自己寻找并使用功能，并被鼓励说出操作过程中遇到的问题，以及其他的看法。同时，主试观察参试者的操作并记录其遇到的操作问题。操作过程中，参试者可以向主试求助，这些也会被记录。使用这些功能后，参试者被要求根据刚才的感受填写问卷以评价该项可供性，并被询问他们在刚刚体验的一项可供性功能中，期待和不期待的功能各自有哪些。4 个可供性的体验顺序是随机的，以避免实验顺序对结果的影响。参试者在体验了全部的 4 项可供性之后，主试询问参试者对这 4 种可供性的重要性排序及原因，以及对智能手表喜欢和不喜欢的方面。然后参试者被要求填写问卷，评价易用性、可信度、美观性、享乐价值、实用价值和采纳意愿。整个实验时长为 2～2.5 小时。

随后，参试者被询问是否愿意参加为期四周的追踪研究，其间需要在生活中佩戴可穿戴设备,并每周参加回访。同意参加追踪实验的参试者被发放一张纸质记录表,并被要求在这张表上记录下一周里取下设备的时间段和相应的原因。研究人员协助参试者在他们自己的智能手机中下载与设备对应的应用程序,并将他们的智能手机与设备配对。当参试者遇到断开连接和充电等问题时,他们可以通过微信向研究人员寻求帮助。在每周的回访中,每位参试者都会被邀请到实验室里,进行使用行为和体验的访谈,并填写关于产品特征、感知价值、采纳意愿和使用频率的纸质问卷。在半结构化访谈中,参试者被问及上周使用和每天使用的功能,以及他们如何使用这些功能。如果功能的使用有变化,则参试者会被询问改变的原因。他们被要求表达他们在使用可穿戴设备时喜欢设备的方面和对设备不满意的地方。最后,参试者被问及他们的行为如何受到设备的影响,以及对 4 项可供性的重要性进行排序。之后参试者填写问卷。每当参试者在阅读或理解项目时遇到问题,研究人员都会提供帮助。研究人员收集上一周发放的记录表并发放下一周的记录表。在第四周结束时,参试者被问及他们对设备的最终感受以及他们对设备设计的建议。该设备作为礼物赠送给参试者,以感谢他们参与研究。

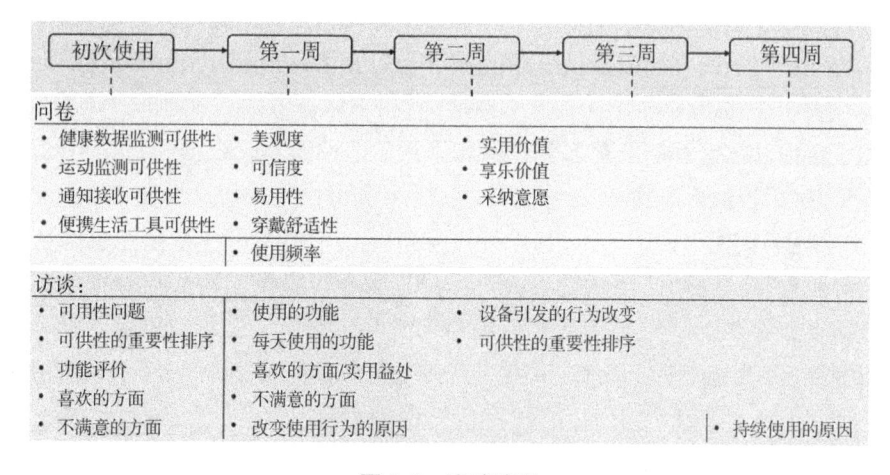

图 3.2 实验流程

3.4.5 数据分析

所有访谈都被录音和转录,以供进一步分析。为了分析文本,本章结合自上而下和自下而上的视角提出编码方案。根据前人文献和研究目的,我们建立了一套初始的粗略主题,并进行了自下而上的分析,对预定义主题进行验证和补充。最后,给出了一个初始的编码方案。为了检验这个编码方案,两个独立的编码人员分析同一个参试者的访谈文本。两位编码人员都是清华大学人机交互专业的博士生，且都有老年人领域的研究经验。通过对两人的编码结果进行比较和分析，编码方案被改进。两位编码人员使用改进的编码方案，分析另一个参试者的访谈文本。结果表明，编码者之间的一致性从72%提高到89%，可靠性足够高[32]。接着，该编码方案被用来对其余访谈文本进行编码。在进一步的访谈过程中，可以在编码方案中加入新的主题并对初始主题进行修改，使其更符合真实数据，但需要两个编码人员达成一致。

3.5　问卷结果：老年人采纳腕带式可穿戴设备的影响因素

参试者对可穿戴设备的功能性特征、体验性特征、感知价值、采纳意图和使用频率的评价如表3.4所示。所有结构的Cronbach's α范围为0.81至0.95，表明内部可靠性令人满意[215]。结果显示，受访者对可穿戴设备各方面的评价均比较正面（平均值大于3，$p<0.05$）。单因子重复方差分析（当数据正态时）和Friedman检验（当数据不正态时）被用来评估变化是否显著。结果显示，参试者对腕带式可穿戴设备的评价在4个时间点均未发现显著的变化。为了探究哪些产品特征影响采纳意愿以及这些影响随时间的变化，我们进行了一组回归分析，分别检验在采纳过程的不同阶段，实用价值和享乐价值对采纳意愿的影响以及功能性特征和体验性特征对实用价值和享乐价值的影响。根据3.2.1小节总结的模型，实用价值有7个潜在的前因，包括4个可供性和3个体验性特征。然而，由于样本量较小（$N<30$），将7种可能的实用价值前因变量都包括在内，可能会导致过拟合问题。因此，首先运行逐步回归，以确定实用价值的突出前因，再进行回归分析。最终健康数据监测可供性与4个体验性特征被留在模型中，用以预测实用价值、享乐价值、采纳意愿和使用频率。此外，由于样本量有限，我们采用了0.1的显著性水平，这与一些类似的研究一致[216-217]。这些研究中参试者数目均小于30人，采用了0.1的显著水平。这种对传统0.05的显著性标准的放松也得到了模型解释方差较大的支持，这表明该模型具有较大的检验力。参考科技产品采纳相关文献，本研究采用第一周结束和第四周结束时来代表实际使用中的早期使用和持续使用阶段[125-126,218-219]，再结合初次使用，将这3个时间点的数据纳入回归分析。对数据的初步分析结果表明，数据没有违反正态性、线性和多重共线性的假设（所有方差膨胀因子<10，在1.45和7.91之间）。回归结果显示在图3.2中。

表 3.4 参试者对于可穿戴设备评价的描述性统计结果

	初次使用 M(SD)	第一周 M(SD)	第二周 M(SD)	第三周 M(SD)	第四周 M(SD)	Cronbach's α
体验性特征						
美观性	3.90(0.79)	4.00(0.55)	3.90(0.77)	4.20(0.75)	4.00(0.63)	—
易用性	3.88(0.76)	3.83(0.84)	3.81(0.84)	3.76(0.92)	3.87(0.78)	0.95
可信度	3.63(0.70)	3.75(0.78)	3.88(0.75)	3.98(0.65)	3.88(0.73)	0.81
穿戴舒适性	3.73(0.58)	3.90(0.68)	3.93(0.74)	4.05(0.67)	4.02(0.61)	0.85
功能性特征						
健康数据监测可供性	3.98(0.93)	4.17(0.66)	4.12(0.61)	4.08(0.64)	4.10(0.75)	0.81
运动监测可供性	4.12(0.76)	4.15(0.54)	4.05(0.80)	4.17(0.61)	4.15(0.70)	0.84
通知接收可供性	3.98(0.68)	4.28(0.66)	4.20(0.70)	4.23(0.53)	4.17(0.73)	0.84
便携生活工具可供性	4.26(0.75)	4.12(0.76)	4.28(0.55)	4.13(0.64)	4.13(0.59)	0.84
感知价值						
实用价值	4.07(0.78)	4.02(0.76)	4.12(0.75)	4.13(0.76)	4.00(0.75)	0.89
享乐价值	4.07(0.62)	4.30(0.64)	4.05(0.67)	4.30(0.56)	4.15(0.48)	0.84
采纳意愿	4.22(0.67)	4.27(0.60)	4.22(0.69)	4.20(0.65)	4.02(0.72)	0.84
使用频率	—	4.12(0.76)	4.28(0.55)	4.13(0.65)	4.13(0.59)	0.82

如图 3.3 所示,在初次使用阶段,享乐价值和实用价值共同预测了 53.1% 的采纳意愿的方差,且享乐价值的系数更大(享乐价值:$\beta=0.427$,实用价值:$\beta=0.387$,$p<0.05$);使用设备后,享乐价值对采纳意愿的影响均不显著,采纳意愿仅受实用价值的影响(使用早期:$\beta=0.545$,$p<0.05$,$R^2=42.4\%$;持续使用:$\beta=0.684$,$p<0.05$,$R^2=45.9\%$)。使用频率则受实际使用后的采纳意愿的持续影响(使用早期:$\beta=0.489$,$p<0.10$;持续使用:$\beta=0.749$,$p<0.05$)。在早期使用阶段,感知的享乐价值对使用频率也有影响($\beta=0.475$,$p<0.05$)。

对产品特征而言,初次使用时易用性是享乐价值的唯一显著预测因子($\beta=0.291$,$p<0.10$),预测了享乐价值 48.9% 的方差,而健康数据监测可供性是实用价值的唯一显著预测因子($\beta=0.417$,$p<0.05$),不过可信度也具有较大的回归系数。在早期使用阶段,易用性是唯一一个享乐价值的显著预测因子($\beta=$

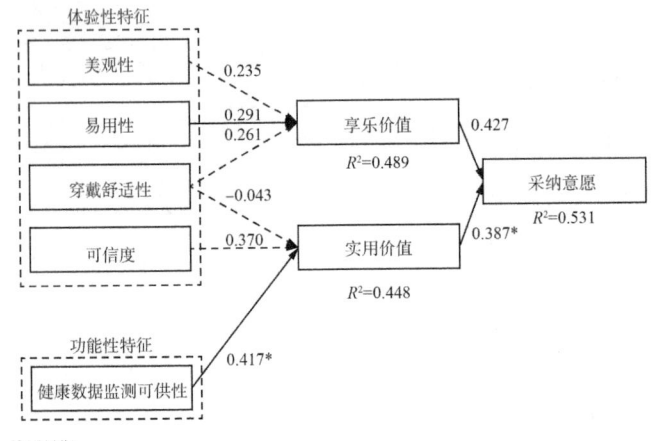

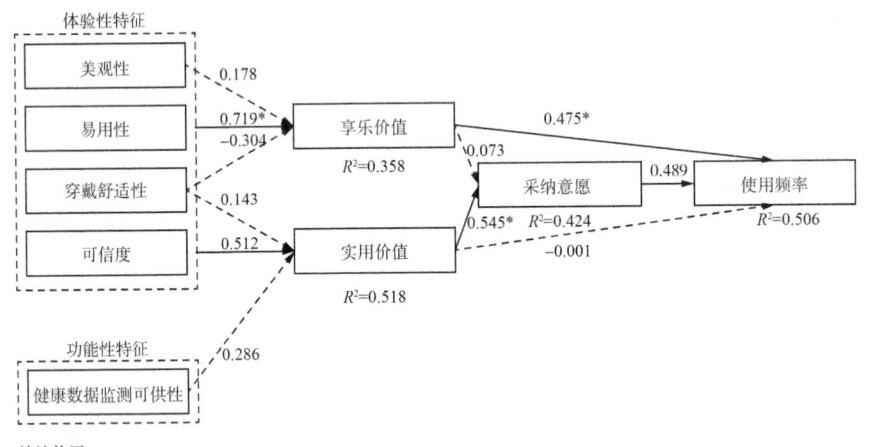

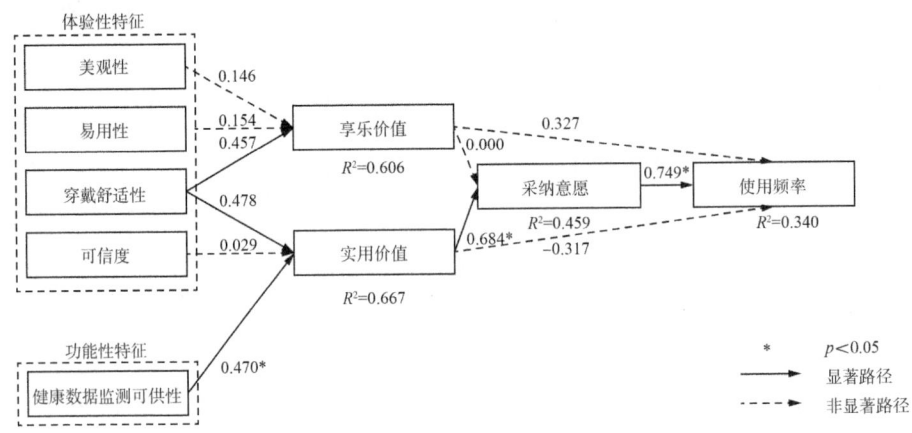

图 3.3　产品特征和感知价值对可穿戴设备采纳意愿的回归分析结果

0.719，$p<0.05$），模型解释了享乐价值35.8%的方差，可信度是实用价值唯一显著的因素（$\beta=0.512,p<0.10$），模型解释了实用价值51.8%的方差。在持续使用阶段，穿戴舒适性成为享乐价值的唯一显著预测因子（$\beta=0.457,p<0.10$），模型解释了享乐价值60.6%的方差，而健康数据监测可供性（$\beta=0.470,p<0.05$）和穿戴舒适性（$\beta=0.478,p<0.10$）都能显著影响实用价值，共同解释了实用价值66.7%的方差。

3.6 访谈结果

3.6.1 初次使用时的可用性问题

在功能评价部分，参试者按照可供性对功能的分类使用腕带式可穿戴设备的功能。使用过程中遇到的可用性问题如表3.5所示，这些问题将根据可供性进行详细阐述。此外，一些可用性问题并不与具体的功能相关，而是设备本身带来的，这些内容将呈现在本节的最后。

表3.5 使用4项可供性功能时参试者遭遇的可用性问题

可用性问题	健康数据监测 频次	健康数据监测 人数	运动监测 频次	运动监测 人数	通知接收 频次	通知接收 人数	便携生活工具 频次	便携生活工具 人数	频次合计
不理解术语	39	15	24	15	0	0	8	5	71
不理解图标	14	9	24	17	7	5	18	13	63
不理解数据呈现	37	20	20	20	0	0	0	0	57
缺少可操作提示	5	5	15	15	0	0	12	11	32
缺少操作反馈	6	6	0	0	0	0	23	20	29
易读性差	11	11	4	4	0	0	5	5	20
输入困难	0	0	0	0	6	5	4	4	10
难以退出	0	0	3	3	0	0	4	4	7
难以找到功能	0	0	4	4	0	0	2	2	6
合计	112	29	94	29	13	8	76	24	295

健康数据监测

使用健康数据监测功能时，29名参试者共汇报了112条可用性问题。其中，15名参试者汇报他们不理解界面上出现的专业术语（$N=39$），如压力、血氧饱和度、PAI 等。类似地，基础知识的缺乏使他们难以理解界面上出现的图标。9 名参试者汇报了 14 条理解图标问题。参试者表示他们难以将压力图标、能量图标以及圆圈（小米手环中代表开始测量）与它们所代表的含义联系起来。比如：

"压力是什么意思？身体上的还是心理上的？"(P12)

"这个代表压力？这太难理解了，还是用文字更容易理解一些。"(P7)

大多数参试者（29 名中的 20 名）均汇报他们难以理解设备健康数据的数据呈现（$N=37$）。一个主要的问题是一个界面同时展示了多个数据，却缺乏相应的指导和提示，导致老年人无法将数据与其所代表的含义对应起来，带来不理解或者误解（$N=21$）。比如：

"我以为这两个数值表示的是正常区间，就像血常规单子那样。"(P15)

"这两个数值我认为是高压、低压的数值，因为看起来很像，一个一百多、一个几十。"(P12)

数据呈现方面另一个被频繁汇报的问题是图表理解。本章实验中的 3 款手表和所有的手机 App 上均以图表的形式显示了健康数据随时间变化的情况，这引起了 11 名参试者的 13 条汇报，表示自己并不能理解图表的含义。此外，3 名参试者汇报了 3 次不理解颜色编码的问题，表示他们不理解绿色代表最低值、红色代表最高值。

11 名参试者汇报了 11 条易读性问题。参试者反映由于手表上的字和图过小，或颜色缺乏对比，导致看清需要努力。其他的问题在操作方面，包括缺少操作提示和缺少操作反馈。6 名参试者汇报了缺少操作反馈，他们不知道自己的操作是否有效，以及进展如何（$N=6$）：

"我不知道什么时候就开始测量了，那个进度条也不理解。"(P20)

5 名参试者汇报他们想要得到某些信息，却由于缺乏足够的提示而不知该如何操作（$N=5$）：

"我想看睡眠说明，但是不知道怎么看。这个提示太不明显了，我不知道这个可以点进去看说明。"(P17)

运动监测

在使用运动监测功能时，29 名参试者汇报了 94 条可用性问题，主要问题集中在图标和术语理解上。共 17 名参试者汇报了 24 条图标识别问题，包括活动记录（$N=9$）、步数（$N=4$）、活动时间（$N=4$）和呼吸训练（$N=3$）、暂停/继续（$N=4$）。比如：

"这个小人走路的图标我以为是步数的意思，结果是各种锻炼模式。"（P10）

15名参试者汇报了24条术语理解问题，他们难以理解呼吸训练（$N=7$）、完成比例（$N=7$）、中高强度活动时间（$N=5$）、卡路里（$N=3$）、有效站立（$N=1$）、状态（$N=1$）的含义。

和健康数据监测一样，在使用运动监测功能时，数据呈现问题也困扰着老年人。6款设备中，有4款的活动页面将运动数据整合起来呈现给用户，即设计了圆圈以指代不同类型的活动，再通过圆圈的闭合程度代表用户达成相应运动目标的比例，在一个界面上同时展示3种活动数据。面对该界面的全部20名参试者均表示他们无法理解符号的含义：

"我完全看不懂这个界面是什么意思，这个圈和这个信息的对应关系如果你不告诉我，我是不会知道的。"（P19）

使用活动监测功能时，15名参试者反映了15个由于缺少可操作提示带来的操作问题，包括"（1）不知道点击图标或下滑页面"（$N=10$）和"（2）不知道如何返回上一步"（$N=5$）：

"我不知道下一步要干什么，不知道可以点击图标。这个又点不开了，为什么？"（P12）

"我不知道要怎样退回到上一个界面，你之前讲过，但是我不记得了，我只会按按钮强制退出。"（P3）

其他的问题包括难以找到功能、易读性差和难以退出。4名参试者表示他们难以找到功能，因为他们不理解设备提供的功能标签，认为设备的分类不符合自己的认知。4名参试者汇报了4个易读性问题，表示因为图标和字过小，导致他们看不清。此外，3名参试者在退出运动模式时失败（$N=3$），因为没有注意界面上的文字提示。

通知接收

在使用通知提醒中的功能时遇到的操作困难最少，只有8个参试者汇报了13个可用性问题。其中，5名参试者共汇报了7次对图标的不理解，其中6次为消息图标；还有1位参试者汇报不理解电话通知中的静音符号。5名参试者汇报了6次在设置事件提醒上的困难，认为设置非常难以操作：

"在手机上输入没问题,但是从事件输入切换到时间设置比较困难。这个表盘又很小,点它总是点不对。"(P3)

便携生活工具

使用便携生活工具可供性中的功能时,24名参试者汇报了76条可用性问题。其中,图标和术语的理解问题依旧突出。13名参试者汇报了18个图标理解问题,表示他们难以识别暂停/开始($N=10$)、退出($N=5$)、指南针($N=2$)、气压($N=1$)的图标。比如:

"我不知道这个三角是开始,又是结束。"(P25)

"我因为之前使用手机和电脑的经验,觉得'×'是退出的意思,但实际上,这里'√'表示确认退出,感觉很混乱。"(P9)

5名参试者汇报了8个术语理解问题,包括计时器($N=2$)、重复($N=2$)、气压计($N=1$)、勿扰($N=1$)、支付宝($N=1$)、找手机($N=1$)。

20名在设备上设置闹铃的参试者共汇报了23次因缺少反馈带来的操作问题,包括两种情况:(1)来自11名参试者的16条汇报表明,他们在设置时间时并不确定自己在做什么;(2)7名参试者认为,设置闹铃时,缺少操作是否成功或者结束的反馈($N=7$)。比如:

"这个先设置小时、后设置分钟没说清楚,不像手机那么明确,我不太习惯。"(P13)

"这个我不知道还需要确认,结果就没有设置好。"(P10)

11名参试者汇报了12个缺少可操作提示的问题,包括不知道可以点击图标($N=9$)、无法发现隐藏的删除/编辑功能($N=2$)、不知道如何返回上一步($N=1$)。此外,5名参试者汇报了5次易读性问题,表示闹钟界面、天气界面上的字和图标太小,看不清。4名参试者表示用滑动输入的方式很费力($N=4$)。4名参试者在退出秒表时遇到失败($N=4$)。他们试图通过按键强制退出秒表模式,却没有注意表上弹出的对话框。2名参试者认为难以找到功能($N=2$),因为功能的分类并不合理:

"手电筒在哪里?小工具这个分类,我很难找到。"(P18)

设备本身

对于手表本身,20名参试者汇报了50条可用性问题。由于智能手表尺寸有限,一些基础操作,如点击、滑动、按按钮等,会给老年人的使用带来困难。12名参试者汇报了12条关于滑动误触的评价,他们表示手表的敏感度太高,非常容易误触，导致下滑的操作变成点击。24 名使用了有按钮的手表的参试者汇报了 7 条对按钮这种交互方式的负面评价，包括按按钮不如点击操作直观（$N=4$）；比较费力（$N=1$）；手表有两个按钮的话，容易混淆（$N=2$）。比如：

"按这个按钮可以回到首页，这不好理解，需要记忆。"(P7)

在记忆同一操作的不同用处时，9 名参试者汇报了 10 个问题。6 名参试者表示记不住左滑的双重功能，即当在首页时，左滑可以切换功能，而在具体的功能页面中，左滑可以用来退回上一步。3 名参试者表示，他们难以记住按键的双重功能，即在表盘界面，按按键可导航至菜单界面，而在其他界面，按按键可导航至表盘界面。这些同一操作的不同用处给参试者带来困惑。

使用了有总菜单手表的 24 名参试者中，9 名汇报了 10 条关于难以找到想要功能的问题。其中 7 个问题是功能太多导致搜索费力，其余则来自老年人不知道下滑页面会看到更多功能。

其余的参试者汇报了易读性差、难以理解同步概念、息屏时间过短和 App 使用过于复杂的问题。3 名参试者汇报了 4 个易读性问题，包括字和图标不够清晰（$N=3$）以及首页时间和功能的字体没有区分（$N=1$）。3 名参试者表示他们难以理解手表与手机的匹配关系。3 名参试者反映息屏时间太短。2 名参试者表示 App 的手环设置和切换页面过于复杂。

3.6.2　初次使用时对设备喜欢和不满意的方面

当被问及"对于整个设备来说，您喜欢哪些方面"时，老年人的回答主要涉及 3 个方面：实用性、便携性和新鲜感。其中被最多参试者提及的是可穿戴设备的实用性（$N=22$）。参试者普遍表示，他们受可穿戴设备的功能吸引，老年人期待这些功能帮助他们进行健康管理，了解自身健康状态：

"最主要还是健康功能，会让我想要用它，感觉可以用来看看健康情况，就能少去医院了，挺好。"(P8)

其次被频繁提及的方面是便携性（$N=15$）。参试者表示，相对于手机，可穿戴设备更加轻便，因此他们期待可穿戴设备可以在未来替代手机，或者至少在一些场合（如锻炼、短期出门时）能替代手机，解放双手。有 12 名参试者则表示他们喜欢可穿戴设备的新鲜感，本身喜欢尝试新科技。

当被问及"对于整个设备来说，您不喜欢或者担心哪些方面"时，参试者提及最多的是他们对于充电（$N=25$）和防水问题（$N=21$）的担忧。由于是电子设备，参试者担忧频繁地充电会很麻烦。由于老年人经常需要做家务，设备如果不防水,可能会导致损坏,带来财产损失。尽管在使用中老年人遇到了很多可用性问题,当被问及不喜欢或者担心的方面时,只有易读性被提及($N=14$)。

约一半($N=13$)参试者觉得可穿戴设备的功能未达预期,这让他们略感失望,比如:

"我需要的是测血压、血糖这些功能,但是这个手表并不能提供这些功能。"(P27)

"这个手环的一些功能,像什么楼梯、卡路里等,对老年人没有用处,觉得它不太有用。"(P25)

有12名参试者表示,他们觉得设备的外观让他们不满意,这影响了他们的使用欲望。其中,8名女性参试者普遍认为试戴的手表过大、过厚,希望手表能更加纤细、精致,就像她们习惯佩戴的机械手表那样。而4名男性参试者同样对外观表达了负面意见。其中两位认为试戴的手表过小,更偏好大一点的;另外两位不喜欢手环的形状,表示更偏爱传统的手表形状,喜欢有弧度的手表外形。

此外,还被提及的不喜欢的方面有对健康风险($N=11$)、佩戴不适($N=8$)和隐私泄露的担忧($N=6$),以及对产品质量的不满($N=5$)。其中,健康风险指参试者担心电子设备长期佩戴带来的辐射和充电带来的爆炸;隐私担忧则指参试者担心可能泄露个人电话等信息,引来电子诈骗等。

3.6.3 初次使用时期待和不期待的功能

参试者体验过一组可供性功能后,会汇报他们期待的、想要使用的功能和他们不期待的、不感兴趣的功能。结果整理见表3.6。

表3.6 参试者期待和不期待的功能

期待的功能	人数	%	不期待的功能	人数	%
健康数据监测					
心率监测	24	82.8	压力监测	15	60.0
睡眠监测	18	62.1	PAI能量值	5	33.3
血氧饱和度监测	1	10.0	血氧饱和度监测	3	30.0
压力监测	2	8.0	睡眠监测	4	13.8
			心率监测	1	3.4

续表

期待的功能	人数	%	不期待的功能	人数	%
运动监测					
步数	28	96.6	楼层数	4	80.0
呼吸训练	4	16.0	久坐提醒	6	24.0
久坐提醒	4	16.0	呼吸训练	5	20.0
运动模式	4	13.8	卡路里	5	17.2
卡路里	2	6.9	有效站立次数	3	12.0
			运动模式	2	6.9
便携生活工具					
事件提醒	5	100.0	海拔气压计	13	86.7
天气	18	62.1	指南针	8	53.3
找手机	17	58.6	秒表	12	48.0
手电筒	11	44.0	倒计时	11	44.0
闹钟	12	41.4	闹钟	7	28.0
通知接收					
来电提醒	16	64.0	消息提醒	8	32.0
消息提醒	11	44.0	来电提醒	6	24.0

可以看到,绝大部分参试者认为心率监测功能是有用的,可以有效地支持健康数据监测。睡眠监测也受大多数参试者的期待,觉得有用,但压力监测却被大部分参试者认为无法支持健康数据监测,这是因为参试者认为他们并不担心压力问题:

"我睡眠不好,能看到睡眠监测数据可太好了。"(P10)

"我们都退休了,没有什么压力,不用测这个。可能你们年轻人需要,但我们不太用得着它。"(P12)

对于运动监测功能,步数监测功能被几乎所有参试者认可,这是因为散步是老年人的主要活动方式,且他们有查看步数的习惯。然而,一些功能,如楼层数等,则被几乎全部尝试了它的参试者认为不适合老年人,因为他们并不会通过爬楼梯的方式运动。

在便携生活工具可供性中,体验过事件提醒功能的5位参试者都认为,事件提醒可以有效支持便携生活,因为他们经常忘记事情。超过一半的参试者期待天气预报和找手机功能,他们认为这些功能可以支持便携生活工具可供性。参试者汇报他们有每天看天气预报的需求,需要根据天气情况来决定如何穿衣和是否出行,也经常遇到找不到手机的情况。而海拔气压计、指南针则被大多数参试者认为不能支持便携生活,因为这些功能的使用场景多为户外运动,和老年人的日常活动内容相距较远,比如:

"我们一般也不出去,就在周围活动,用不上这些功能,感觉更像是为年轻人准备的。"(P6)

大多数参试者期待通知接收可供性的两个功能,即来电提醒和消息提醒,认为它们比较方便。但也有三分之一左右的参试者并不期待这两个功能,因为他们认为智能手机也有这些功能,已经足够了。

3.6.4 使用过程中设备可供性的使用行为随时间的变化

如图 3.4 所示,实验过程中参试者平均每天佩戴设备 20 小时,且在四周中没有显著变化。这可能是因为参试者被鼓励尽可能多地佩戴可穿戴设备。这样的使用时长能够保证参试者在不同的生活场景中充分地体验设备。

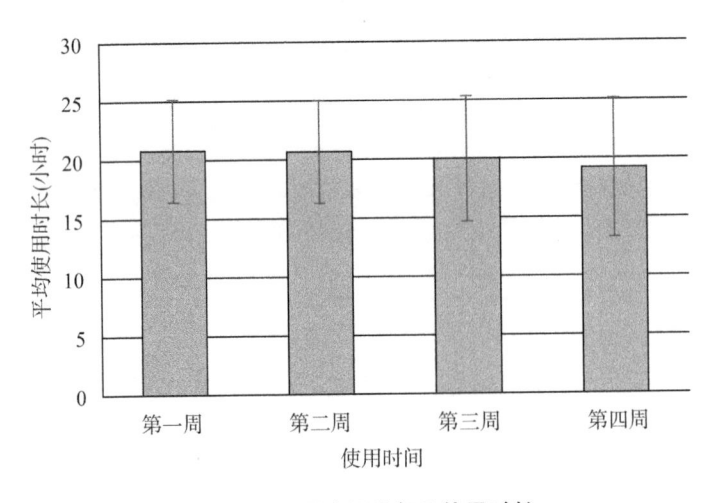

图 3.4 四周中平均每日使用时长

如图 3.5 所示,参试者每天的步数约为 8 000 步到 9 000 步,在四周内没有显著差异。当被问及"在过去的一周里,这个设备有没有改变你的行为"时,所有参试者的最初反应都是"没有"或"几乎没有"。他们都报告自己的生活方式非常稳定,通常遵循固定的规律,不受科技产品的影响:

第3章 老年人腕带式可穿戴设备采纳意愿影响因素研究

"做早饭,送孙子上学,然后买菜做午饭,接孩子……每天都是如此。"(P10)

四周中,每周使用和每天使用某些功能的参试者人数如表3.7和表3.8所示。这些功能按照其所支持的可供性呈现。一些功能(如血氧饱和度)在任何一周中都没有被超过5名参试者使用过,因此没有被列入表格。接下来,本节将阐述参试者对每项可供性的使用的变化以及变化原因。

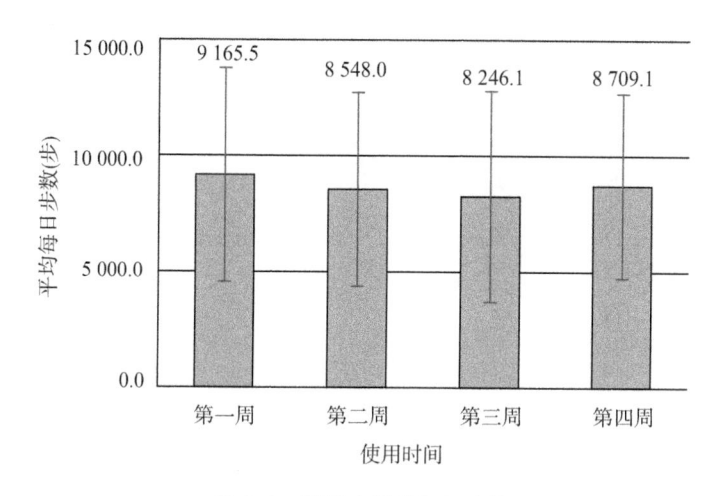

图 3.5 四周中平均每日步数

表 3.7 每周使用功能的人数

		第一周	第二周	第三周	第四周	变化
健康数据监测	心率监测	19	16	18	15	−4
	睡眠监测	6	9	11	11	+5
	压力监测	2	5	5	4	+2
运动监测	计步	15	17	15	13	−2
	静坐提醒	3	7	9	11	+8*
通知接收	来电提醒	6	8	11	11	+5
	短信提醒	3	4	10	10	+7*
便携生活工具	时间显示	6	10	10	10	+4
	闹钟提醒	5	4	4	4	−1
	天气提醒	4	6	6	6	+2

注:* 为 $p<0.05$;"变化"指提及人数从第一周到第四周的变化。

表 3.8 每天使用功能的人数

		第一周	第二周	第三周	第四周	变化
健康数据监测	心率监测	14	10	10	9	−5
	睡眠监测	6	7	9	9	+3
	压力监测	0	2	3	4	+4
运动监测	计步	15	15	12	10	−5
	静坐提醒	2	2	1	2	0
通知接收	来电提醒	2	1	6	9	+7*
	短信提醒	2	2	6	7	+5
便携生活工具	时间显示	6	10	10	10	+4
	闹钟提醒	3	2	4	3	0
	天气提醒	3	6	3	6	+3

注：* 为 $p<0.05$；"变化"指提及人数从第一周到第四周的变化。

健康数据监测

尽管心率监测功能是第一周被最多参试者体验的功能，但随着使用时间的增加，其使用人数，尤其是每日使用人数逐渐下降。而睡眠和压力监测的使用人数则有所增加。

在四周的体验过程中，9名参试者减少了他们对心率监测功能的使用：5名停止了使用，4名则不再每天使用。参试者反映，减少使用的主要原因是信息的价值有限（$N=6$），尤其是对于没有心脏问题的参试者而言。此外，参试者反映因为解释数据的困难，他们难以感受到数据的价值（$N=3$），比如：

"我尝试过使用心率功能，但我不明白它什么意思，后来就不用了。"（P19）

持续每天使用心率监测功能的参试者表示，他们能坚持使用的原因有患有慢性心脏病需要监测（$N=4$），需要监测精神健康状况（如极度疲劳或紧张）（$N=4$），需要监测体育锻炼前后的心率变化（$N=1$）。

睡眠监测的使用人数随着时间的推移有所增加，这主要是因为老年人常被睡眠问题困扰，而这一问题可以通过睡眠监测功能得到缓解（$N=5$），以及他们使用可穿戴设备的信心增强（$N=5$）。在第四周，持续使用该功能的参试者认可该功能的信息价值：所有11名参试者都查看了设备上该功能提供的详细的睡眠监测数据（包括总体质量分数、深度睡眠时长和轻度睡眠时长），并认为这些数据有助于他们更好地了解自己的睡眠状态；2名参试者进一步赞赏了自动记录睡眠状态的功能,认为这样不用自己记忆,非常方便。

压力监测功能只被 2~5 名参试者使用过,随着时间的推移使用它的人数有少许增加。这是因为参试者使用设备的能力增加,促使他们去尝试更多功能。1 名参试者则提到了解自己的压力水平能让她感到轻松。

运动监测

步数监测在第一周是第二受欢迎的功能,且其使用率在四周内保持了相当高的水平,尽管每天使用它的参试者从 15 人下降到 10 人。减少使用的主要原因是缺乏动力($N=5$)。一些参试者认为自己在日常活动中锻炼充分,甚至担心过度锻炼会导致关节损伤。10 名持续每天使用该功能的参试者汇报它的益处有:能够在没有智能手机的场景(如做家务或打乒乓球)下计步($N=6$),能监测身体活动($N=5$),能通过鼓励性的消息(如完成运动目标后设备的点赞通知)增强锻炼动力($N=5$)。

久坐提醒的使用人数随着时间的推移有所增加。在第四周结束时,超过一半的参试者了解并使用了它。在第一周,许多参试者没有注意到振动通知或注意到了但并未理解其目的;使用经验增加后,参试者明白了它的用途($N=8$)。持续使用该功能的人赞赏它的价值($N=10$),认为它有益于健康。还有 4 名参试者表示他们很喜欢久坐提醒的信息所带来的被关注或被照看的感觉。

通知接收

来电通知和消息通知的使用人数都显著增加。在第一周,只有少数参试者尝试了来电通知功能。然而,使用四周后,有 11 名参试者使用了该功能,其中 9 人每天使用。这一变化的主要原因是参试者使用设备的能力和信心增强,这使得他们能更好地处理设备和应用之间的连接问题($N=7$),而连接保证了通知功能的有用性。此外,参试者也提到,随着使用经验的增加,他们能更好地接收到设备的通知提醒($N=4$)。持续使用通知接收功能的参试者表示,他们持续使用的原因包括在没有携带智能手机或由于听力障碍听不清电话铃声的场景下,该功能的实用性($N=11$),以及与智能手机相比查看信息的便利($N=4$)。一些参试者认为,通知接收功能将可穿戴设备变成了智能手机的有效辅助工具。

便携生活工具

在可穿戴设备提供的各种便携生活工具中,有超过 5 人使用的功能只有 3 种,即看手机、闹钟和天气预报。10 名参试者发现,通过可穿戴设备查看时间是方便的,尤其是在晚上,他们可以翻转手腕来唤醒屏幕,而不是在黑暗中寻找手机。对于老年人来说,夜间查看时间可能是一项重要的需求,因为大多数参试者(20人中有14人)有起夜的习惯。

大约四分之一的参试者使用了闹钟和天气预报的功能。使用闹钟功能的参试者认为,闹钟通过振动而不是响亮的声音来提醒很有用($N=4$)。然而,在设备上设置闹钟对参试者来说是一项非常具有挑战性的任务。所有参试者都能在智能手机上设置闹钟,却不了解如何在可穿戴设备上进行设置。使用天气预报功能的参试者认为,通过可穿戴设备获取天气的相关数据比使用智能手机更方便($N=6$)。

3.6.5 实用益处及可供性重要性排序的变化

实际使用时,在每周一次的采访中,参试者都被问及他们喜欢可穿戴设备的哪些方面。所有的答案都是关于使用特定功能的实用益处,研究者则根据功能匹配的可供性来汇总这些汇报的益处。表3.9展示了汇报每项可供性的实用益处的参试者人数。结果显示,使用一周后,超过一半的参试者只意识到健康数据监测的益处;使用四周后,参试者意识到了由不同的可供性带来的多样的实用益处,特别是通知接收可供性和便携生活工具可供性。然而,大多数时候,人们很少提到运动监测的实用益处。

表3.9 四周中汇报基本可供性益处的参试者人数

	第一周	第二周	第三周	第四周	变化
健康数据监测	13	14	15	11	-2
运动监测	6	11	7	8	+2
通知接收	7	7	13	15	+8*
便携生活工具	9	10	12	15	+6

注:* 为 $p<0.05$;"变化"指汇报人数从第一周到第四周的变化,通过Fisher's exact test检验。

通过访谈中收集到的参试者对4个基本可供性的重要性排序,我们得到了四周每项可供性的平均重要性排序(表3.10)。配对的Mann-Whitney U 检验显示,不同可供性的感知重要性存在显著性差异,且随时间推移而变化。初次使用时,健康数据监测可供性的重要性高于其余3项可供性。在第一周使用结束时,通知接收的重要性与健康数据监测的重要性接近($V=91,p=0.606$),而另外两项可供性的重要性则相对较低。这种情况一直持续到第四周结束。随着时间的推移,便携生活工具的相对重要性有所增加,但并不显著。在实际使用中,运动监测一直被评为最不重要的可供性。

表 3.10 基本可供性的平均重要性排序结果

	初次使用	第一周	第二周	第三周	第四周
健康数据监测	1.35	2.05	2.10	1.80	1.60
运动监测	2.55	3.00	3.00	3.15	3.05
通知接收	2.90	2.30	2.40	2.35	2.30
便携生活工具	3.20	2.85	2.65	2.75	2.90

注:"平均重要性排序"指参试者对 4 项基本可供性的重要性排序的平均值。评价重要性排序越接近 1,说明该可供性越被评价为最重要。

3.6.6 使用过程中对设备不满意的方面随时间的变化

表 3.11 展示了参试者汇报的对可穿戴设备不满意的方面以及相应的汇报人数在四周间的变化。在整个实验期间,被提及最频繁的是对身体健康安全可能受到设备危害的担忧。这些危害包括辐射可能带来的健康风险和充电时可能会爆炸的安全风险:

"它是电子产品,离我的头很近,所以我认为它可能会损害我的健康。"(P3)

"有点担心充电的时候会爆炸。之前有新闻报道说手机发生了爆炸。"(P16)

然后是两个可用性问题,即界面理解困难和设备与智能手机同步困难。使用设备四周后,报告界面理解困难的参试者减少到 2 人。但这种数量的减少并不能被简单地解释为参试者解决了这些问题,因为大多数可用性问题都是在持续使用过程中消散的。许多参试者只是简单地停止使用那些他们不知道如何操作的功能:

"我认为我对常用功能的操作已经很熟练了,但我还没有尝试过更深入、更复杂的操作。"(P20)

一个典型的例子是,在实际使用之前(见 3.6.3 小节),找手机是一项对大多数参试者(29 人中有 17 人)有吸引力的功能。然而,在实际使用中,由于难以找到和操作该功能,只有 4 名参试者真正使用过。

表 3.11 四周中参试者汇报的对可穿戴设备不满意的方面

	第一周	第二周	第三周	第四周	变化
难以理解界面	8	5	5	2	−6

续表

	第一周	第二周	第三周	第四周	变化
难以同步	8	7	7	6	−2
生理健康风险担忧	9	9	8	7	−2
穿戴舒适性问题	5	5	3	5	0
功能未达预期	7	7	5	3	−4
非必需功能多	4	3	3	4	0
与手机连接断开	2	5	6	4	+2
数据不准	1	2	2	5	+4

参试者还认为，可穿戴设备的功能设计并未契合他们的需要。在第一周结束时，7 名参试者报告说他们认为该设备并不是特别有用，主要是因为心率监测功能这一实际使用前最受期待的功能并不令人满意。经过几周的使用，对功能设计不满的参试者人数下降了，这可能是由于使用经验的增加和对其他功能的发现和欣赏。此外，一些参试者抱怨有太多不必要或不适合老年人的功能（如运动模式和指南针），且这样的抱怨持续到第四周结束。

大约 5 名参试者认为设备的穿戴舒适性差，且这样的评价持续到整个实验结束。2 名参试者报告了过敏反应，2 人认为该设备非常笨重，1 人认为佩戴步骤非常不舒服。这种糟糕的穿戴舒适性导致其中 3 人减少了佩戴的时间，而另外 2 个人则减少了他们看手表的次数，有时甚至忽略了设备的通知。与可用性问题不同，参试者对穿戴舒适性问题的抱怨似乎并未随着时间的推移而消逝。

最后两方面的不满是在使用一段时间后出现的。一个是可穿戴设备和智能手机之间偶尔会断开连接。由于许多参试者很难自己解决连接问题，他们认为这种断开连接是令人恼火和沮丧的。另一个问题是数据不准确。共有 3 名参试者抱怨睡眠监测数据不准确，2 人抱怨压力监测不准确，其中 2 人报告说他们因此减少了对相应功能的使用。

3.7 讨论

本章结合实验室研究和为期四周、每周一次的追踪研究，通过问卷和访谈，探究不同使用阶段中影响老年人腕带式可穿戴设备采纳意愿的重要因素，以及老年人腕带式可穿戴设备的使用行为、感知和采纳意愿的变化及变化的原因。

通过比较各阶段的结果，本章为理解老年人腕带式可穿戴设备的采纳过程提供了丰富的资料，也为可穿戴设备设计者提出了有针对性的意见。

3.7.1 可供性感知随使用深入的变化

本章结果表明，随着使用的深入，老年人的使用行为和他们对腕带式可穿戴设备可供性的感受在改变，使得设备的角色也在改变。老年人使用的功能种类越来越多，一些可供性的相对重要性也发生了变化。其中，健康数据监测可供性始终重要。在整个实验期间，它都被列为最重要的可供性，并对实际使用前后的感知实用价值均有着显著的影响。尽管如此，实际的使用体验会导致使用行为和对特定功能的感知的改变。一方面，参试者发现心率监测功能并没有他们想象的那么有用；但另一方面，他们发现了睡眠监测的好处，并增加了对它的使用。这表明，即使使用前的预期并不现实，健康数据监测可供性仍然最受老年人重视。这一结果与之前的研究结果一致[17,33,41,126,186]，但我们的研究提供了更详细的发现，包括老年人对特定功能的理解和使用以及这些理解和使用随时间的变化。

在实际使用之前，通知接收可供性和便携生活工具可供性被老年人低估。尽管通知接收是实际使用前最不受期待的可供性，在实际使用后，它却成为第二重要的可供性。与年轻人不同，许多老年人不习惯随身携带手机。而通知接收可供性降低了错过电话的可能性，帮助他们更好地与他人保持联系。虽然在实际使用前，便携生活工具可供性被认为是不必要的，但在体验过和使用经验丰富的老年人中，该可供性得到了高度认可。然而，便携生活工具可供性的重要性仍然很低，这表明它不太可能成为老年人接纳腕带式可穿戴设备的主要原因。

与以往大多数研究不同，我们的研究有一个独特的发现，那就是实际使用中老年人减少了对运动监测功能的重视和使用。虽然在实际使用前的初次使用阶段，它是第二被期待的可供性，但在实际使用后，它的重要性迅速下降，在研究结束时排名最后。这一结果与西方国家的研究结果形成了鲜明对比。这些研究称，监测和提升运动水平是可穿戴设备在老年人群中的主要用途[35,42,186]。然而，我们的大多数参试者仅仅希望能维持身体状态，避免身体机能退化，而不是达到更高的运动水平。一些参试者甚至使用步数功能来避免走得过多。这可能与中西方老年人生活方式和生活规划的文化差异有关。中国的文化和传统强调适度和平衡，因此中国老年人强调避免过度运动的重要性，而西方国家的老年人则并非如此[220]。此外，我们的大多数参试者汇报道，他们积极地参与家务劳动，如做饭、整理、照顾小孩等。这些有规律的活动占据了他们白天的大部分时间，同时他们也相信这些活动已经足够维持他们的运动状态。因此，他们没有强烈的动机去监测运动。此外，大多数参试者报告他们患有关节炎，这也可能导致了他们对过度锻炼的担忧。值得注意的是，这种健康方面的特征可能并不是偶然：一项收集了 1 787 名中国老年人膝关节 X 光片的研究表明，中国老年女性膝关节骨性关节炎的发病率高于美国同龄女性[221]。

与以往的研究不同，本研究引入了可供性概念，以适当的抽象水平来描述腕带式可穿戴设备对老年人的有用性，并根据使用功能的目标来组织琐碎的使用行为的结果。这为将来细化腕带式可穿戴设备有用性的研究提供了理论参考，也为未来腕带式可穿戴设备功能性特征的设计和创新提供了明确的启示。首先，健康数据监测是老年人使用可穿戴设备的首要原因。老年人有动力去探索和学习这类功能，即使他们在实际使用前对这些功能的预期可能并不会在实际使用后得到满足。其次，一旦通知接收和便携生活工具功能被老年人发现并学会使用，这些功能都会被认为是有用的。因此，需要进行更多的设计工作，使这些功能易于使用，并逐步向老年用户展示这些功能，以鼓励老年人的学习和成长。最后，目前设计的运动监测功能可能无法像设计师所预期的那样为老年人提供实用价值。在设计这些功能时，应更具体地考虑老年人的生活方式和健康状况。

3.7.2 腕带式可穿戴设备采纳影响因素随使用深入的变化

从产品特征出发，基于"实用-享乐"的二维模型和可穿戴设备的接受度研究，本书构建了"产品特征—价值—采纳意愿"的链条，以研究腕带式可穿戴设备的 4 项体验性特征和 4 项可供性对用户采纳意愿的影响。这一模型（图 3.1）为后续针对产品特征的研究提供了理论基础，也为可穿戴设备设计者有针对性地改善产品提供了方向。

结合老年人初步使用阶段的研究结果可以发现，中国老年人对腕带式可穿戴设备实际使用前的预期（如一种量化个人信息的工具）与设备的实际作用（如一种辅助智能手机的便携设备）之间存在很大差距。在实际使用之前，实用价值和享乐价值都影响着采纳意愿。早期使用后，享乐价值不再影响使用意愿，但对使用频率有中度的正向影响。然而，随着更多的使用，无论是采纳意愿还是使用频率都只能由实用价值预测。这表明，在早期使用期间，腕带式可穿戴设备作为一种创新产品的吸引力鼓励了老年人对设备进行探索。然而随着使用次数的增加，设备最初的新颖性消失了，他们的使用行为也只受到实用价值的影响。

虽然在以往的文献中,可穿戴设备实用价值对老年人的重要性已经得到了充分的验证[34,39-40,123,126],一些研究发现享乐价值也影响老年人对可穿戴设备的采纳意愿[35,90,126]。然而,我们的结果表明,实际使用后,实用价值是腕带式可穿戴设备采纳意愿唯一的影响因子。一个较为合理的原因是,不同文化背景下的人对实用价值或享乐价值的重视程度存在差异。之前的研究发现,比起西方消费者,中国消费者更看重信息技术和服务的实用价值[222-223]。

在使用早期,老年人对腕带式可穿戴设备的可信度感知对实用价值的形成起着关键作用。访谈中有一个有趣的发现:与在西方国家展开的研究的结果不同,我们的参试者对身体健康风险有很大的担忧,但几乎不担心佩戴这类设备带来的隐私风险。之前研究中的老年参试者认为,隐私问题是采纳可穿戴设备的一个重要阻碍[22,33,186],但很少有人担心身体风险。然而,本章所述研究中大约一半的参试者担心全天佩戴设备会有辐射和爆炸的风险,且这些担忧几乎不会随着时间的推移而消失;但没有人提到对隐私问题的担忧。这一发现,即中国老年人对新技术可能带来的身体健康风险的担忧较强,而对隐私的担忧较少,与之前关于中国老年人使用智能手机的发现相似[193]。可能的解释是中国用户对隐私问题的意识相对较低[224-226],以及中国老年人对新技术的熟悉度和信任度可能低于西方老年人。然而,为了验证这些推论是否正确,需要进行更多跨文化的比较研究。

使用四周后,除了健康数据监测可供性外,穿戴舒适性成为采纳意愿的一个重要预测因素。它通过享乐价值和实用价值影响采纳意愿。这一结果突出了穿戴舒适性在塑造腕带式可穿戴设备长期使用的整体体验中的重要性[35,125-126]。由于设备在使用者身上佩戴时间较长,佩戴过程中的任何不适都可能成为持续的烦恼来源,从而导致佩戴时间的减少。然而,可穿戴设备的主要实用价值,即监测健康数据,往往依赖于设备的持续佩戴。之前的一些研究发现,如果用户认为设备提供了有用的功能,他们更有可能忍受较差的穿戴舒适性[34,227],我们的研究结果表明,这种影响可能是双向的,即穿戴舒适性也能影响由使用功能而获得的感知实用价值。

3.7.3 面向老年人的腕带式可穿戴设备设计建议

上一节讨论了采纳过程的不同阶段中影响采纳意愿的关键因素。老年人腕带式可穿戴设备的设计应该考虑这些因素,以确保设备的长期使用和持续使用。综合和整合研究结果,我们认为需要改进以下几个方面来激励老年人使用腕带式可穿戴设备。

第一，需要详细阐述健康数据监测可供性，以满足老年人的不同需求。研究结果表明，老年人最期待的和使用最多的腕带式可穿戴设备可供性是健康数据监测和运动监测。然而，当前设计的功能并不能完全满足他们的需求，需要更多的创新来解决老年人群体的具体需求，包括身体机能评估（如平衡能力和握力）、慢性病患者的医疗指标（如血压和血糖）的自动测量和记录等。此外，数据监测应为老年人提供可理解和有意义的结果。在我们的研究中，由于信息价值低，老年人最期望的心率监测功能只能提供有限的有用性。

第二，设计适应老年人的运动监测功能，以支持而不是改变他们当前的生活方式。在设计运动监测功能时，应考虑到老年人的生活方式和健康状况。应该进行更多的研究，以更好地了解老年人如何制定个人体育活动目标，并相应地提供更合适的支持。例如，考虑到中国很多老年人担心过度锻炼影响身体健康，设备应该允许他们设定日常锻炼的上限和下限，并提供相应的提醒。此外，活动强度的测量应提供更多的信息，而不仅仅是步数[128]。

第三，加强设备在与他人保持联系方面的作用。在实际使用后，通知接收可供性被认为是腕带式可穿戴设备的重要可供性，它能帮助老年人通过手机与他人进行交流。此外，几乎一半使用运动监测功能的参试者报告说，使用这些功能的原因是他们感到被关注和照看。这些发现表明，老年人对情感联系有强烈的需求，正如之前的研究[35,42,126]。因此，帮助他们实现这种情感联系的功能将受到老年人的欢迎。

第四，提高穿戴舒适性以确保持续使用。问卷和访谈结果都强调了穿戴舒适性在腕带式可穿戴设备持续使用阶段的关键作用。因此，需要进行更多的研究以了解主要设计特征（如尺寸、重量、材料和材质）对穿戴舒适性的影响，进而有针对性地提升设备穿戴舒适性。同时，在不同的使用场景中，人们所处的环境和自身的状态可能全然不同，使用场景的影响也应当被考虑。

第五，提高可用性并突出响应式交互类型。从初次使用到持续使用阶段，大量参试者传达了可用性问题，这与之前的研究一致[39,41-42,124-125]。初次使用时，老年人并不理解设备所使用的术语、图标和数据呈现等，在操作界面时也有困难。这些可用性问题与老年人认知、视力、运动能力的下降有关，反映了当前腕带式可穿戴设备的界面设计并不契合老年人的心智模型，也没有考虑老年人生理机能各方面所经历的衰退。因此，有必要改进界面可用性设计以适应老年人的需求。同时，生活中的使用结果显示，老年人将使用局限在了简单易用的功能中。即便一些功能他们是需要的，但由于在菜单深处难以找到，因此他们也不会尝试使用。这说明有必要设计对老年人友好的腕带式可穿戴设备导航功能以帮助他们发现和使用功能。此外，结果显示，老年人更喜欢响应式交互类型提供的功能，即设备自身启动交互，并仅在需要明确输入的场景下提示用户进行输入[228]。这种偏好的一个明显原因是，这样的交互只需要用户付出很少的努力即可达成，可以防止任何潜在的、可能因老年人认知和运动能力的下降而被放大的可用性问题。

最后是一些针对中国老年人的具体考虑。我们的研究结果显示，中国老年人的腕带式可穿戴设备采纳意愿主要受到使用设备所能获得的实用价值的影响，且他们对长期佩戴设备所带来的身体健康风险有着强烈的担忧，但不担心隐私问题。他们对设备可供性的需求是由他们的生活方式和价值观决定的。针对中国老年人的可穿戴设备设计应该着重考虑这些因素。

3.8　本章小结

本章引入可供性概念以描述可穿戴设备的可用性，基于文献和对商用可穿戴设备的调研，确认了 4 项主要可供性。从支持产品特征设计出发，本章构建了老年人可穿戴设备采纳意愿影响因素模型，通过回归分析得到不同使用阶段影响老年人腕带式可穿戴设备的采纳意愿的重要因素。通过对 29 名未使用过可穿戴设备的老年人开展问卷和访谈相结合的研究，老年人在初次使用时对产品特征、感知价值和采纳意愿的评价，对不同可供性功能的期待，以及使用时存在的可用性问题等均被收集；20 名老年人进一步参与了追踪研究，使用可穿戴设备四周，并每周参加回访。他们对可穿戴设备的使用行为和体验的变化、变化的原因，以及对产品特征、感知价值、采纳意愿和使用频率的评价再次被收集。这些内容有助于理解实际使用前老年人对可穿戴设备的感受和期待，为可穿戴设备设计者提供了分阶段的、有针对性的建议，也为后续研究的开展提供了依据和方向。研究主要得到以下发现。

第一，在不同使用阶段，影响老年人腕带式可穿戴设备采纳意愿的因素有所不同。问卷结果表明，在初次使用阶段，享乐价值和实用价值共同影响采纳意愿，重要的产品特征为易用性和健康数据监测可供性；使用早期，只有实用价值影响采纳意愿，享乐价值虽然不影响采纳意愿，但影响使用频率，而易用性和可信度是重要产品特征；持续使用阶段，只有实用价值影响采纳意愿和使用频率，而穿戴舒适性和健康数据监测可供性成为重要的产品特征。这样的结果表明，对老年人的宣传应当关注使用阶段。在实际使用前，较低的使用门槛和有吸引力的健康数据监测功能设计有助于促进老年人开始使用腕带式可穿戴设备；而在实际使用中，则需要给老年人提供操作指导，并增强其对设备的信赖程度；使用早期，除了健康数据监测外，重点在于提供舒适的可穿戴体验。穿戴舒适性在长期使用中值得特别关注。一方面，问卷结果显示，它在持续使用阶段既能影响享乐价值又能影响实用价值；另一方面，访谈内容显示，穿戴舒适性问题会导致老年人减少佩戴时间和使用频次，进而影响对设备价值的感受。针对老年人穿戴舒适性的细致研究和设计指导是有必要的。

第二，健康数据监测始终是重要的可供性，而运动监测可供性在实际使用后重要性降低。由于老年人普遍存在心脏、睡眠等健康问题，他们认为心率监测、睡眠监测功能有助于他们了解自身健康状况，因此在初次使用阶段期待可穿戴设备成为健康监控的有效工具。实际使用后，老年人降低了他们对健康数据监测可供性的重视程度，但其仍然是最为重要的可供性。这一方面是因为其他健康数据监测功能被发现和使用（如睡眠监测），另一方面是一些老年人心脏方面的问题使得他们有持续使用心率监测功能的动力。而运动监测可供性的重要性在实际使用后明显降低，因为绝大多数老年人只是希望身体机能不退化，并不需要更多的运动，相反却更担心运动可能带来的损伤。因此，腕带式可穿戴设备设计者应当充分了解老年人的生活，关注老年人的需求，设计出更贴合老年人生活的健康数据监测和运动监测功能。

第三，腕带式可穿戴设备给老年人的使用带来严重的可用性问题。使用健康数据监测和运动监测功能时，老年人遭遇的可用性问题最多。健康数据监测和运动监测是可穿戴设备的核心可供性，集中体现了腕带式可穿戴设备相对于主流科技产品（如智能手机）的优势。当前的腕带式可穿戴设备开发了越来越多的功能和指标，如PAI、压力数据等，试图尽可能多地为用户创造价值。然而，这些丰富的数据给老年人的识别和理解带来了困难。由于缺乏相关知识，老年人难以理解界面中的术语和图标，也难以理解复杂的数据呈现方式，如颜色编码、随时间变化的图表等。这些可用性问题阻碍了老年人理解和利用设备数据。实际使用中，同步设备和智能手机问题持续困扰着老年人，老年人也因难以找到和发现功能，而将使用局限在简单的功能中。这些结果均说明有必要提升腕带式可穿戴设备的界面可用性，以提升老年人腕带式可穿戴设备的用户体验。其中，界面导航和数据呈现与功能的发现和功能价值的认识相关，值得进一步探究。

第四，随着使用的深入，可穿戴设备在老年人心目中扮演的角色发生了改变。研究结果表明，在初次使用阶段，老年人对健康数据监测可供性抱有极高的期待,他们希望可穿戴设备成为个人健康监控的有效工具。然而,真实的使用经验让他们发现健康数据监测功能(如心率监测)并不能完全满足他们的期待。但同时,真实的使用让他们发现了通知接收可供性和便携生活工具可供性的益处。通知接收功能可以在老年人不方便使用手机时及时地提醒他们电话和短信的到来,保持与他人的联系,且功能易于操作。而与智能手机相比,可穿戴设备看时间更为方便,提醒的方式也更为隐蔽。因此,老年人开始更多地将可穿戴设备看作智能手机的辅助和补充,这种角色的变化体现了真实的使用经验产生的影响。

第4章

腕带式可穿戴设备舒适性研究：评测工具和压力范围

4.1 研究目的

本章针对腕带式可穿戴设备的穿戴舒适性,开发穿戴舒适性的评测工具并探究压力舒适-不适范围。本章包括两个实验,有 18 名老年参试者和 18 名年轻参试者参与。在实验 1 中,我们通过问卷收集参试者在居家/办公和锻炼场景下对腕带式可穿戴设备穿戴舒适性的评价,并通过对问卷数据的分析建立腕带式可穿戴设备的评测框架,探析年龄和使用场景对穿戴舒适性维度重要性的影响。在实验 2 中,我们关注压力舒适范围,在 3 种不同的表带材质条件下测量腕带式可穿戴设备施加于参试者手腕上的压力,并收集参试者相应的舒适性评价,以分析两个年龄组的舒适-不适压力范围,并探究了表带材质和年龄对压力舒适度感知的影响。

4.2 研究方法

这项研究包括两个实验,涉及年轻人和老年人。在实验 1 中,参试者被要求在两种场景(居家/办公和锻炼)下佩戴腕带式可穿戴设备,评估设备的穿戴舒适性。实验 2 中,通过在不同表带材质的条件下进行压力测试,研究引起年轻用户和老年用户对腕带式可穿戴设备的舒适和不适感的压力。

4.2.1 参试者

实验有 18 名年龄在 60~72 岁之间的老年人($M=67.5, SD=3.22$)和 18 名年龄在 19~28 岁之间的年轻人($M=24.1, SD=3.19$)参加。在招募参试者时,我们平衡了性别,排除了 BMI 超出正常范围(18.5~24)的个体,以尽量减少潜在的混杂因素,确保结果的可靠性。更年轻的参试者(10 名女性、8 名男性)通过微信群分发的在线问卷招募。在年轻的参试者中,有 13 人是本科生,其余的是研究生。考虑到招募老年参试者的困难,我们采用了滚雪球抽样方法。我们联系了 1 位校内社区工作人员,他帮助我们确定并邀请有兴趣参与研究的老年人。在老年参试者中,有 7 名男性和 11 名女性,其中 16 人接受过高中及以上的教育。

4.2.2 实验流程

在实验开始之前,参试者被邀请到实验室,被介绍了当前研究的目的和实验流程。参试者签署知情同意书后,实验者收集参试者的人口统计信息(年龄、性别、教育程度等)。

在实验 1 中,参试者被随机分配了一个商用的腕带式可穿戴设备。这些设备的尺寸和重量是不同的,以引起不同的舒适反应。然后,参试者佩戴该设备,在居家/办公和锻炼两种场景下执行任务。在居家场景中,老年人的任务包括浏览手机信息、整理、穿脱衣服和翻转手腕;年轻人的任务包括打字、整理、穿脱衣服和翻转手腕。在运动场景中,老年人的任务是在实验室大楼里以日常速度步行 20 分钟,而年轻人的任务是在跑步机上以 5 公里/小时的速度步行 15 分钟后以 7 公里/小时的速度慢跑 5 分钟。这些任务改编自 Park 等人[229]和 Naylor[172]的研究,基于老年人和年轻人的不同日常生活来反映腕带式可穿戴设备的自然使用场景。在完成每个场景的任务后,参试者回答了一份关于他们在任务期间感知舒适度的问卷,然后被要求报告他们在活动期间对设备舒适度的感受。两个场景之间有 5 分钟的休息时间,并且平衡了场景的顺序,以尽量减少任务顺序的影响。在完成所有任务后,参试者填写了一份关于整体舒适度的问卷。除了老年人的锻炼任务在大楼地板上进行外,所有的任务都在实验室进行。实验室温度和地面温度保持在 25℃±3℃,湿度水平为 60%±5%。

在实验 1 结束后,参试者卸掉设备,休息 20 分钟。当休息结束且参试者表示他们休息得很好时,实验 2 开始。研究人员向参试者介绍一种量表,并指导参试者使用该量表来评估他们的压力舒适程度。在了解了这些量表之后,研究人员要求参试者坐下来,以他们通常的、舒适的方式佩戴该设备,并通过旋转手腕和挥动手腕来确保该松紧程度是舒适的。研究者记录设备在手腕上的位置以及皮带的松紧程度,然后在设备和手腕之间放置测量传感器。在确认参试者报告的舒适程度后,开始进行最初的压力测量。每次测量持续 25 秒,然后休息一分钟,取下设备。随后的测量包括逐渐收紧皮带,直到参试者的不适程度达到 3 级或以上(表示不适合日常佩戴)。在达到这个不适阈值后,重复测量以确认不适程度。完成一种表带的评估之后,参试者休息 2 分钟,然后继续下一种表带材质的测量。在整个测量过程中,参试者被指示将下臂放在扶手上,以防止外部压力干扰[图 4.1(a)]。表带材质的顺序是随机的,以减轻实验顺序偏差。整个实验持续约 1.5 小时。

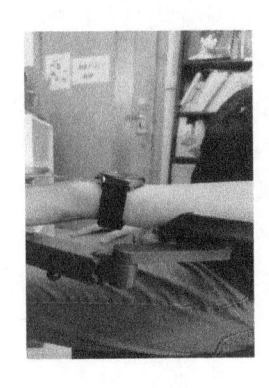

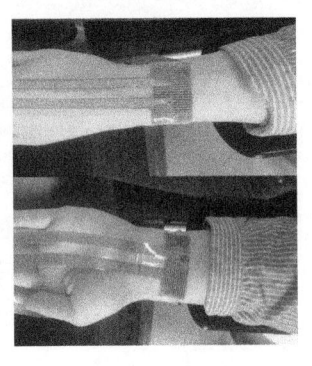

(a) 实验配置　　　　　(b) 传感器放置　　　　　(c) 数据采集系统

图 4.1　压力测量

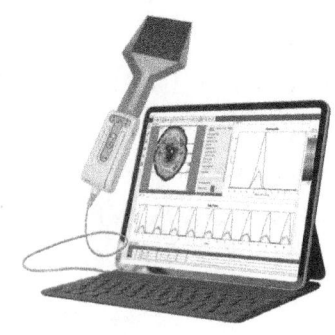

4.3　材料和设备

4.3.1　实验 1 所用量表

在实验 1 中,如 2.3.1 节所述,许多研究者采用了不同的项目来评估穿戴舒适性的不同方面,如温度和湿度方面、感官方面和运动舒适方面。在目前的研究中,两位清华大学人机交互专业的博士生被邀请选择合适的题项,他们独立筛选出不适用于腕带式可穿戴设备的题项(如布料的厚度)。在意见不一致的情况下,经另一名研究人员参与讨论,以决定是否纳入该题项。腕带式设备佩戴舒适度的最终测量结果如表 4.1 所示。所有项目都是用 11 分的语义差异量表来衡量的,参试者根据自己的感受来评价自己的舒适感。他们的感觉越接近一个终点描述,他们的评分就越接近那个点。在这些题项中,有 4 个("冷—暖"、"干—湿"、"轻—重"和"松—紧")在端点处描述了不适,中间点代表舒适。

除了穿戴舒适度的各个方面,研究还测量了整体舒适度来描述整体的穿戴舒适体验。通过采用 Song 等人[149]的整体穿戴舒适性量表来评估整体舒适度,并增加了一个反向问题以提高问卷的可靠性。整体舒适度问卷采用 11 分的李克特量表打分,范围从"非常不同意(1)"到"非常同意(11)"。

4.3.2　实验 2 所用设备和材料

实验 2 的目的是研究老年人和年轻人对腕带式可穿戴设备的舒适和不适感知相关联的压力并考虑表带材质的影响。因此,我们需要收集手腕与设备之间的压力数据,以及参试者在不同表带材质条件下对这种压力的主观评价。选择的表带材质、压力测量系统和用于自我报告的量表如下。

● **表带材质** 表带选用硅胶、氟胶、真皮3种材质。选择这些材料有两个原因：第一，它们是智能手表市场的主流，代表了主要的表带材质；第二，这3种材质的硬度和弹性水平各不相同，真皮最硬、弹性最小，其次是氟胶，最后是硅胶。这些差异会影响表带与手腕皮肤的贴合程度，从而可能影响压力分布[229]。我们选择了华为GT表盘搭配这些表带，因为它的重量（46 g）比较常见，且形状是典型的圆形，最大限度地减少了设备重量和表盘形状等混淆因素。通过表带和表盘构成了一个真正的腕带式设备，用于触发压力。

● **压力测量** 使用Telescan的I-Scan压力测量系统测量手腕和腕带式可穿戴设备之间的压力。该系统包括传感器、传感器手柄、计算机以及用于数据收集和分析的软件。在本研究中，两个柔性传感器（尺寸：长45.7 mm，宽21.0 mm，厚0.1 mm）分别放置在设备接触手腕的背部和内侧，如图4.1(b)所示。传感器收集的数据通过传感器手柄传输到计算机，如图4.1(c)所示。在开始实验之前，研究者对测量设备进行了校准和灵敏度调整，以确保测量准确。测量系统每250 ms记录一次压力数据，由研究者导出到Excel工作表中。每25秒的测量产生100个数据点，这些数据被取平均值，以获得手腕两侧的压力数据以及参试者相应的压力舒适评估。

● **压力舒适评估** 使用5分制量表："1"表示舒适，"2"表示对设备没有不适的认识，"3"表示不适合日常佩戴的不适，"4"表示明显不适，"5"表示无法忍受的极度不适。在整个实验过程中，纸质量表被放置在参试者面前的显眼位置，以便于他们随时参考。

由于目前的研究使用的是真正的商用腕带式可穿戴设备，而不是通过机械压缩式系统以特定的步骤或速率精确控制压力的增加。因此，我们无法确定确切的触发不适的压力，而是建立了一个舒适-不适压力范围。这个范围是由参试者将自己的舒适度评定为"1：舒适"或"2：相当舒适"时手腕上的平均客观压力，以及评定为不舒服时的平均压力（"3：不舒服"、"4：非常不舒服"和"5：难以忍受"）来定义的。这些值分别代表了舒适-不适压力范围的上限和下限，即引起参试者舒适和不适感知的压力。利用这些数据，可以分析舒适-不适压力范围以及年龄和表带材质的影响。在统计分析之前，所有压力数据均进行正态分布评估，如果不符合正态性假设，则进行对数变换。

4.4 结果

4.4.1 实验1结果

腕带式可穿戴设备的舒适性维度

为了确定腕带式设备佩戴的舒适性维度,研究者对测量项目进行了最大旋转的主成分因子分析,结果如表 4.1 所示。3 个因素加起来解释了总方差的 60.8%,表明模型的拟合是可以接受的。这 3 个因素的 Cronbach's α 系数分别为 0.67、0.73 和 0.82,高于建议阈值 0.60[230]。

因子1被标记为动作舒适,解释总方差的 22.11%。它由 5 个题项组成,包括由设备施加在皮肤上的压力引起的不适感(如重量和压力)、设备抑制运动的感觉,以及与设备在运动中的稳定性相关的感觉(如设备稳定、设备阻碍运动)等。它综合描述了腕带佩戴可能影响用户活动所带来的舒适感受。因子2,标记为接触舒适,占总方差的 19.66%。这个因素描述了一个人的皮肤与设备材料接触的感觉,如瘙痒、疼痛和紧绷等。因子3被标记为温湿舒适,解释了总方差的 19.03%。它包括与热平衡和水分输送有关的感觉,如对潮湿或凉爽的感知。

表 4.1 穿戴舒适性评测题目的因子载荷结果

在刚才的场景中,针对佩戴的手表,我感到	M	SD	因子1	因子2	因子3
动作舒适(Cronbach's α=0.67)	8.53	2.29			
需要调整—不需调整	8.72	2.94	0.88	0.23	0.03
佩戴不稳定—佩戴稳定	8.92	2.93	0.85	0.04	0.10
阻碍活动—不阻碍活动	8.71	2.98	0.81	0.32	0.22
压—无感觉	8.86	2.62	0.52	0.18	0.43
轻—重(+)	7.44	3.46	0.51	−0.02	0.32
接触舒适(Cronbach's α=0.73)	10.25	1.12			
刺—无感觉	10.79	0.78	−0.01	0.84	0.18
痒—无感觉	10.36	1.40	0.17	0.84	−0.01
痛—无感觉	10.42	1.39	0.18	0.71	0.24
松—紧(+)	9.50	2.34	0.19	0.48	0.27

续表

在刚才的场景中,针对佩戴的手表,我感到	M	SD	因子载荷		
			因子1	因子2	因子3
温湿舒适(Cronbach's α=0.82)	8.67	1.95			
潮湿—干燥(+)	9.19	2.38	0.09	0.08	0.84
冷—热(+)	9.86	1.89	0.11	0.23	0.71
透气—闷汗(R)	5.07	3.49	0.15	0.39	0.66
光滑—粗糙(R)	8.69	2.49	0.25	0.07	0.56

注:R为最终评分=12−原评分;+为最终评分=11−|原评分−6|×2。

不同年龄和不同场景的穿戴舒适性评价差异

在居家/办公和锻炼两种场景下,两个年龄组的参试者对设备的穿戴舒适性评测的比较结果见表4.2。由于数据不是正态分布,采用Wilcoxon秩和检验。结果显示,在两个场景下,和年轻人相比,老年人对所有变量,包括整体舒适和各穿戴舒适性维度的评价均显著高于年轻人。

表4.2 在日常和运动场景下老年和年轻参试者的穿戴舒适性评测的比较结果

		老年组 M(SD)	年轻组 M(SD)	W	p
日常场景	整体舒适	9.67(1.89)	7.58(2.02)	259.5	0.002**
	动作舒适	9.69(1.71)	7.48(2.21)	54.5	<0.001***
	接触舒适	10.89(0.47)	9.86(0.96)	48.0	<0.001***
	温湿舒适	10.32(1.26)	7.92(0.77)	27	<0.001***
运动场景	整体舒适	9.97(1.06)	6.44(3.09)	279	<0.001***
	动作舒适	9.71(1.81)	7.24(2.22)	47.5	<0.001***
	接触舒适	10.92(0.35)	9.32(1.42)	43	<0.001***
	温湿舒适	9.51(2.93)	6.80(1.36)	50.5	<0.001***

注:** 为 $p<0.01$,*** 为 $p<0.001$。

穿戴舒适性维度的重要性

本研究分别对老年和年轻的参试者在居家/办公和锻炼两个场景中的穿戴舒适性评价做了线性回归分析,以探究穿戴舒适性各维度对于整体舒适评价的重要性。在进行回归分析之前,线性回归的相关假设被验证,包括独立性、多重共线性检验,结果显示所有变量的方差膨胀因子均小于2,符合线性回归的假设要求。回归分析中,因变量为相应场景下的整体舒适评价,自变量为穿戴舒适性各维度。回归模型的结果见表4.3。

表 4.3　穿戴舒适性维度预测整体舒适的回归分析结果

自变量	系数	标准误差	统计量 t	p 值
老年人,日常场景,因变量=整体舒适,调整后的 $R^2=0.602, F(3,14)=9.56, p=0.001$			
动作舒适	0.906	0.172	5.26	<0.001***
接触舒适	0.218	0.625	0.35	0.732
温湿舒适	−0.191	0.226	−0.81	0.431
老年人,运动场景,因变量=整体舒适,调整后的 $R^2=0.627, F(3,14)=10.53, p=0.001$			
动作舒适	0.161	0.096	1.67	0.118
接触舒适	0.193	0.494	0.39	0.703
温湿舒适	0.389	0.075	5.19	<0.001***
年轻人,日常场景,因变量=整体舒适,调整后的 $R^2=0.521, F(3,14)=7.16, p=0.004$			
动作舒适	0.599	0.206	2.91	0.011*
接触舒适	0.364	0.359	1.01	0.328
温湿舒适	0.309	0.596	0.52	0.612
年轻人,运动场景,因变量=整体舒适,调整后的 $R^2=0.674, F(3,14)=12.71, p<0.001$			
动作舒适	0.853	0.208	4.11	0.001**
接触舒适	0.431	0.310	1.39	0.186
温湿舒适	0.748	0.337	2.22	0.043*

注:* 为 $p<0.05$,** 为 $p<0.01$,*** 为 $p<0.001$。

结果显示,不论是对于老年人还是年轻人,在居家/办公还是锻炼场景下,回归的整体解释度均较大(调整后的 R^2 分别为 0.602、0.627、0.521 和 0.674)。对于老年人而言,在不同的使用场景下,重要的舒适性维度不同:在日常场景下,动作舒适对整体舒适有显著的正面影响,且系数较大($\beta=0.906, p<0.001$);在运动场景下,温湿舒适对整体舒适有显著的正面影响($\beta=0.389, p<0.001$)。对于年轻人而言,在日常场景下,动作舒适对整体舒适评价有显著的正面影响($\beta=0.599, p=0.011$);而在运动场景下,动作舒适和温湿舒适对整体舒适的影响均显著,且动作舒适的影响更大(动作舒适:$\beta=0.853, p=0.001$;温湿舒适:$\beta=0.748, p=0.043$)。

任务后访谈结果

关于动作舒适,老年人汇报的动作舒适问题主要是拿东西或者穿衣服时的阻碍感($N=5$),仅有 1 位汇报了活动时的晃动情况。有 3 名老年人反馈表盘过重($N=3$)。在年轻参试者中,6位表示手表的晃动使他们感到不适,尤其是跑步时,会想要调节,以及打字或拿东西抬手时表盘的存在感促使他们改变动作。此外,有 8 名年轻参试者汇报,他们感到了压力带来的舒适问题,主要是太重以及表盘的压迫感。而这种压迫感在运动时会被缓解:

"跑起来倒觉得还好了,不怎么压,主要是它随着运动在动,就不觉得压,也可能是注意力分散了。"(P14)

关于接触舒适,有 3 名年轻参试者汇报跑步时感到有点痒,老年参试者没有关于"痒"、"刺"和"痛"的汇报,但有 1 名老年参试者抱怨设备有一些紧。

关于温湿舒适,有 7 名年轻参试者表达了不满,他们主要认为运动时表带透气性较差;老年人中,有 5 人表示他们感到表带有些闷汗。

4.4.2 实验 2 结果

与舒适和不舒适评价相对应的客观压力数据的描述性统计

表 4.4 给出了 3 种表带材质下(氟胶、硅胶和真皮)的舒适-不适压力范围(包括手腕内侧和外侧)的上下边界的描述性统计。配对 t 检验显示,无论是检查舒适-不适压力范围的下限还是上限,手腕内侧和外侧的压力之间没有显著差异($ps>0.05$)。

表 4.4 各表带材质条件下舒适-不适压力范围下限和上限的统计分析结果

舒适-不适压力范围的下限(单位为 kPa)

表带材质	手腕侧	平均值(SD) ($n=36$)	老年组均值(SD) ($n=18$)	年轻组均值(SD) ($n=18$)	年龄差异
氟胶	内侧	9.80(8.09)	12.19(9.91)	7.41(4.96)	0.079
	外侧	9.16(6.41)	10.93(7.83)	7.39(4.09)	0.101
硅胶	内侧	11.12(7.98)	14.55(9.38)	7.69(4.25)	0.009**
	外侧	10.74(7.61)	13.71(8.85)	7.76(4.70)	0.018*
真皮	内侧	8.75(4.80)	8.71(3.77)	8.80(5.79)	0.959
	外侧	6.97(4.28)	7.21(4.42)	6.76(4.25)	0.756

舒适-不适压力范围的上限(单位为 kPa)

表带材质	手腕侧	平均值(SD) ($n=36$)	老年组均值(SD) ($n=18$)	年轻组均值(SD) ($n=18$)	年龄差异
氟胶	内侧	21.01(16.23)	27.00(18.46)	14.80(8.03)	0.054
	外侧	21.86(16.05)	29.24(18.56)	17.11(9.23)	0.011*

续表

舒适-不适压力范围的上限(单位为 kPa)

表带材质	手腕侧	平均值(SD) ($n=36$)	老年组均值(SD) ($n=18$)	年轻组均值(SD) ($n=18$)	年龄差异
硅胶	内侧	20.53(12.72)	26.26(14.11)	14.80(8.03)	0.006**
	外侧	24.57(16.18)	32.02(18.33)	17.11(9.24)	0.006**
真皮	内侧	24.35(17.20)	27.16(19.80)	21.54(14.16)	0.352
	外侧	20.50(15.17)	22.55(18.03)	18.45(11.82)	0.520

注：* p 为<0.05，** 为 $p<0.01$，*** 为 $p<0.001$。

年龄差异

本研究进行了独立样本 t 检验，以检查老年参试者和年轻参试者在不同表带材质下舒适-不适压力范围的上下限方面的差异。如表4.4所示，对于下限，硅胶表带条件下手腕两侧年龄差异显著(内侧：$t=2.830, p=0.009$；外侧：$t=2.520, p=0.018$)，而氟胶和真皮表带情况下，手腕两侧差异不显著($ps>0.05$)。对于上限，硅胶表带条件下手腕两侧年龄差异显著(内侧：$t=2.918, p=0.006$；外侧：$t=2.961, p=0.006$)，氟胶表带条件下手腕外侧的年龄差异显著($t=2.700, p=0.011$)，真皮表带条件下手腕两侧的年龄差异均不显著($p>0.05$)。

表带材质差异

单因素方差分析显示，无论测量位置如何，表带材质对舒适-不适压力范围的下限或上限都没有显著影响($ps>0.05$)。然而，当对老年参试者进行单独分析时，结果显示，表带材质对手腕两侧舒适-不适压力范围下界的影响是显著的[内侧：$F(2,17)=3.737, p=0.034$；外侧：$F(2,17)=5.324, p=0.010$]。事后Tukey检验表明，与其他表带材质相比，真皮的压力较小。3种表带的上限差异无统计学意义($ps>0.05$)。对于年轻参试者，无论是舒适-不适压力范围的下限还是上限，表带材质都没有显著的影响($ps>0.05$)。

老年人和年轻人的舒适-不适压力范围

从上限和下限来看，老年人和年轻人的舒适-不适感压力范围因不同的表带材质而不同：老年人的舒适-不适感压力范围为 7.21～32.02 kPa，年轻人的舒适-不适感压力范围为 6.76～21.54 kPa，随表带材质的不同而不同。这些范围在表4.4中有详细说明，并在图4.2(手腕内侧)和图4.3(手腕外侧)中进行了可视化。这些数据表明，使用氟胶和硅胶表带时，老年人的舒适-不适压力范围与年轻人明显不同。然而，使用真皮表带时两个年龄组之间的舒适-不舒适压力范围相似。

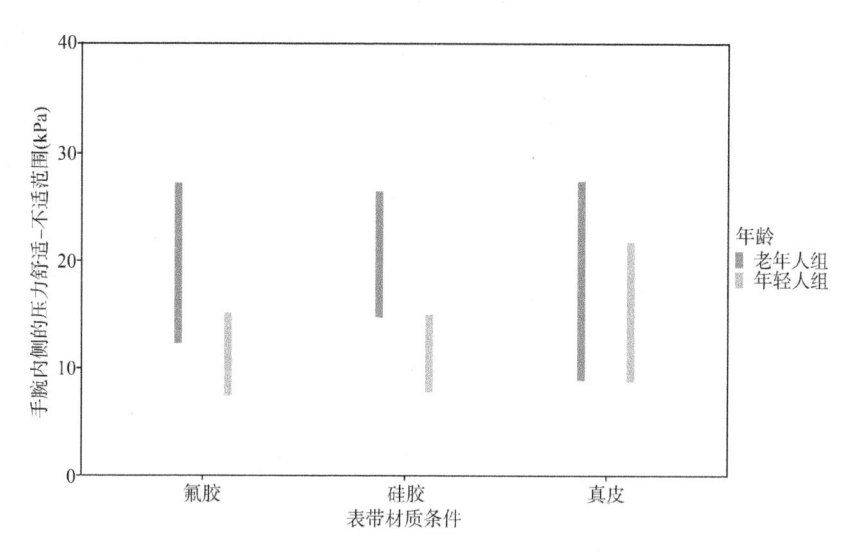

图 4.2　不同表带材质条件下老年人和年轻人的压力舒适-不适范围(手腕内侧)

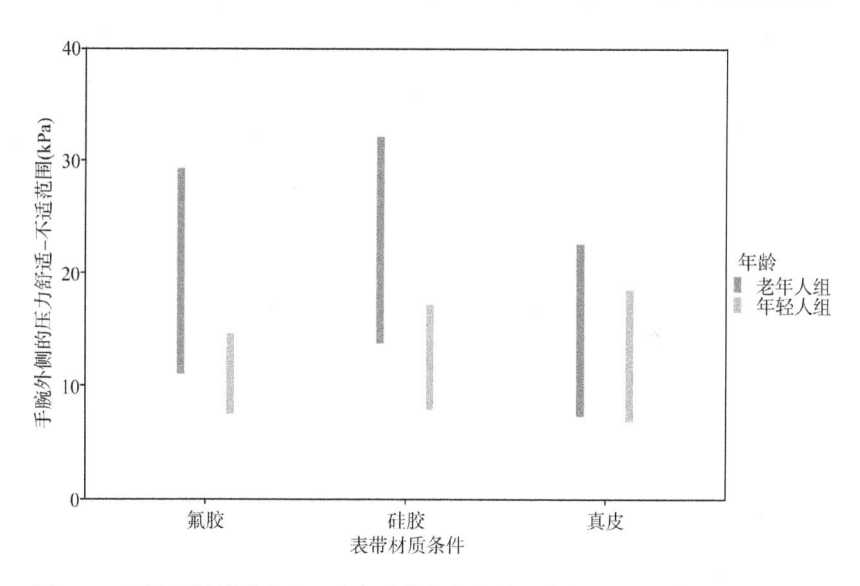

图 4.3　不同表带材质条件下老年人和年轻人的压力舒适-不适范围(手腕外侧)

4.5　讨论

4.5.1　关于舒适性评测工具的主要发现

本研究提出并验证了一种专门为腕带式可穿戴设备量身定制的舒适性评估

工具。它确定了可穿戴舒适性的 3 个主要维度，即动作舒适、接触舒适和温湿舒适。这与 Kayseri 等人[231]描述的服装舒适性的 4 个维度（即接触舒适性、湿度舒适性、温度舒适性和压力舒适性）以及 Knight 和 Baber[160]基于头戴式或臂戴式可穿戴设备确定的 6 个维度（即情感舒适、依恋舒适、伤害舒适、感知变化舒适、动作舒适和焦虑）有所不同。这种区别可能源于腕带式可穿戴设备的独特特性。首先，我们将 Kayseri 等人[231]提出的湿度舒适和温度舒适维度合并为一个统一的温湿舒适维度。这种整合可能是因为在使用智能手表等腕带式设备（如运动时出汗）时，温度和湿度相关的舒适问题同时发生，使得单独描述这两个维度并不恰当。我们的研究结果揭示了动作舒适维度的内涵，它不仅包括 Kayseri 等人[231]基于服装描述的压力舒适维度，还包括 Knight 和 Baber[160]提出的动作舒适维度。这种融合源于这样一个事实：腕带式可穿戴设备是通过一条带子固定在用户的手腕上的。因此，设备施加在佩戴者皮肤上的压力必须达到微妙的平衡：它必须足够大以确保设备牢固地固定在身体上，但同时也不能过大以致阻碍人体活动或造成伤害。因此，佩戴腕带式可穿戴设备时，压力和运动本质上是交织在一起的，因此有必要将它们整合到一个维度上。通过专注于腕带式可穿戴设备，我们确定的评估工具简化了穿戴舒适性的维度，并为未来佩戴舒适性评估领域的研究工作提供了重要的理论基础。

我们的研究结果显示，穿戴舒适的重要性在老年人和年轻人中侧重不同，并取决于具体的使用场景。在居家/办公场景中，动作舒适性成为老年人和年轻人穿戴舒适性的唯一重要维度。相反，在运动场景中，温湿舒适成为老年人唯一的关键维度，而动作舒适对年轻人来说仍然很重要，甚至超过了温湿舒适的重要性。这种运动场景的差异可能归因于实验期间各年龄组所进行的运动强度不同：年轻参试者的运动（如快走和慢跑）更为激烈，因此，他们更容易感到设备滑动和皮肤磨损引起的不适，并抱怨动作舒适性差；但对于老年参试者来说，他们的活动较为温和，设备的摇晃以及施加在他们皮肤上的力比年轻参试者要小得多，这降低了动作舒适的显著性。总体而言，我们的研究阐明了年龄和使用场景在塑造穿戴舒适 3 个维度的相对重要性方面的相互作用，强调了个人和使用场景因素对可穿戴舒适体验的影响。

我们的研究结果显示，老年人和年轻人对穿戴舒适性的评估存在显著差异。在居家/办公和锻炼场景中，老年人对整体舒适和穿戴舒适的评价都明显高于年轻人。这种差异可能有以下两种解释。首先，与年轻人相比，老年人的皮肤弹性和热感知能力下降，使他们对压力和温度引起的不适不那么敏感[166,232]。其次，与年轻人相比，老年人似乎有更大的容忍度。先前的研究表明，与年轻人相比，老年人更倾向于表达积极的态度,而不是消极的情绪[233-234]。

4.5.2 关于舒适-不适压力范围的主要发现

我们的研究表明,老年人的舒适-不适压力范围为 7.21～32.02 kPa,年轻人的舒适-不适压力范围为 6.76～21.54 kPa。这些发现与 Naylor 的研究结果基本一致[172],该研究观察到手腕上的客观压力可达 8～30 kPa,不同参试者的结果不同。与另一项基于年轻参试者的大腿和小腿压力舒适的研究相比[170],我们年轻组的压力舒适范围大致相似,但略低。该研究关注腿部的压力不适范围,得到当压力范围在 12～27 kPa(大腿)和 19.3～32.2 kPa(小腿)时,参试者报告舒适。他们的研究和我们的研究之间的差异是合理的,因为腕部更细,离身体中心的距离更大。根据负重条件下的能量消耗原理,远离身体中心的身体部位能承受的设备重量更轻[229]。在服装方面,Wang 等人[164]注意到,让人感到不舒服的压力范围在 1.33～3.11 kPa 之间,不同身体部位能承受的压力范围不同。这些值低于我们的研究结果,可能是因为使用场景不同——人们预期服装的压力较小,但在佩戴腕带式设备时需要更大的压力才能正常固定住设备。据我们所知,我们的研究首次探索了腕带式可穿戴设备的舒适-不适压力范围,为可穿戴设计师提供了有价值的参数参考。

当表带为硅胶材料时,老年人的舒适-不适压力范围下限和上限均高于年轻人。老年人压力敏感性的降低与之前的研究结果一致[166,235]。与年轻人相比,老年人神经系统的退化,导致其对外部刺激的反应降低[166,176]。此外,老年人的皮肤可能更为僵硬,并导致其对刺激的感知下降[236-237]。这些生理变化共同导致老年人对压力的耐受力增强。然而,当表带由氟胶或真皮制成时,年龄差异不总是显著。

在所有情况下,表带材质的影响都不显著,除了老年人的舒适-不适压力范围下限,这种情况下真皮表带比其他材料的压力值更低。此外,年龄差异在硅胶条件下最显著($ps<0.05$),真皮条件下不显著($ps>0.05$),氟胶条件下部分显著。所有这些结果可能受老年人的佩戴习惯和表带材质的特点影响。在这 3 种材料中,硅胶材料是最柔软和最有弹性的,真皮是最硬、最没有弹性的。考虑到老年人对外部刺激的反应性退化[236-237],他们可能更喜欢收紧表带,以确保设备的稳定性。当佩戴硅胶或氟胶表带时,收紧表带会导致表带变形,使其更靠近手腕,从而增加压力。相比之下,真皮表带在收紧时变形最小,从而限制了手腕压力的增加,这可能掩盖了与年龄相关的差异。因此,使用较软的表带材质时,年龄差异更为明显;使用真皮表带时,观察到的压力较低。

4.5.3 实践启示

根据这两个实验的结果,提出以下实用建议,以提高腕带式设备的佩戴舒适性。首先,本研究开发并验证了一种腕带式设备的舒适评测工具,并提供了年轻人和老年人的舒适-不适压力范围。该评测工具提供了一种实用的方法来衡量不同的舒适维度,如运动、接触和温湿方面,而舒适-不适压力范围可以为改善腕带式设备的压力舒适性和物理属性提供有益的参考。这些见解为从业人员在优化压力舒适性以及提高一般的穿戴体验方面提供了宝贵的指导。

其次,我们的研究结果表明,在可穿戴设备的设计过程中应着重考虑用户年龄和使用场景。在不同的年龄组和使用环境中设备穿戴舒适性维度的重要性有所不同。因此,设计师应该努力深入了解目标用户的日常生活和行为,以确定关键的使用场景,为他们的设计决策提供信息。例如,在为老年人设计可穿戴设备时,应考虑到做家务和悠闲散步等因素,特别要注意所使用材料的防水和透气性能。相反,对于年轻用户来说,在办公室工作和剧烈运动等可能更为普遍,因此有必要在设计阶段关注智能手表的重量和外形等因素。

最后,我们的研究表明,针对年轻用户设计时需要有更多的考虑,因为有证据表明,与老年人相比,年轻人在主观评价和客观压力方面对穿戴舒适性表现出更高的敏感性。随着可穿戴技术的不断发展,集成额外的功能和传感器可能会导致设备体积和重量的增加,穿戴舒适性降低,因此平衡功能和舒适性成为实用设计师的关键任务。对于年轻人来说,穿戴舒适非常重要,无论哪种类型的表带,设备对手腕的压力都不应该过高。而当为老年人定制设计时,可以使用材质较软的表带来放宽对压力舒适性的要求,以换取更强的功能属性。此外,考虑到老年人更注重温湿舒适,在向老年人推广腕带式设备时,建议使用橡胶带而不是皮革带,因为后者的透气性不如前者。

4.6 本章小结

本研究通过包含年轻和老年参试者的两个实验探讨了腕带式可穿戴设备的穿戴舒适性。在实验1中,研究结合了居家/办公和锻炼场景,收集了参试者对腕带式可穿戴设备的舒适性评价。为了提供改善压力舒适的定量参考,我们进一步开展了实验2,旨在识别两个年龄组(老年人和年轻人)以及3种表带材质(氟胶、硅胶和真皮)下的舒适-不适压力范围。研究的主要发现如下。

第一,本章构建了腕带式可穿戴设备的穿戴舒适性评测框架,包含3个穿戴舒适性维度,即动作舒适、接触舒适和温湿舒适。这3个维度分别阐述了穿戴舒适性的不同方面。该评测工具可以为之后的腕带式可穿戴设备研究提供理论基础,也有助于可穿戴设备从业者进行有针对性的提升。

第二,老年人和年轻人在不同场景下,对腕带式可穿戴设备穿戴舒适性维度的评价不同,穿戴舒适性各维度的重要性也有所变化。老年人和年轻人在生理特征和感知能力上的差异导致他们的感知和体验不同。不同的场景中,环境和用户的活动不同,触发的穿戴体验不同,穿戴舒适性维度的重要性会随之变化。因此,当分析和改善穿戴舒适性时,应当考虑用户和使用场景,以得到更可靠的结论。

第三,老年人的舒适-不适压力范围为 7.21～32.02 kPa,年轻人的舒适-不适压力范围为 6.76～21.54 kPa。当表带为硅胶材料时,老年人的舒适-不适压力范围下限和上限均高于年轻人,这反映了年龄对压力舒适的影响。然而,表带材质对压力舒适-不适范围的影响并不显著。

第5章

腕带式可穿戴设备界面可用性：导航设计研究

5.1 研究目的

本章针对腕带式可穿戴设备的界面可用性,探究对老年人友好的腕带式可穿戴设备导航设计。通过焦点小组探究老年人对腕带式可穿戴设备功能的心智模型,得到两种分类的导航设计,即基于可供性分类的导航设计和基于熟悉事物分类的导航设计。然后,再通过43名老年参试者和76名年轻参试者参与的线上实验,比较这两种分类的导航设计与不分类的导航设计在提升用户任务绩效和用户易用性、满意度评价上的不同。本章对有和没有腕带式可穿戴设备使用经验的用户分别进行了分析。

5.2 焦点小组

5.2.1 方法

共11名老年人参加了5个焦点小组讨论。其中,5名男性,6名女性,年龄为62～70岁($M=66, SD=2.53$)。参试者中,教育水平为专科和初中的人数最多,各4人,本科学历2人,高中学历1人。11名参试者中,收入低于5 000元/月的5名,收入在5 000～10 000元之间的6名。除1名参试者外,其他参试者均有腕带式可穿戴设备使用经验,其中8人表示他们每天使用。所有参试者均已婚。

焦点小组旨在以卡片分类的方式探究老年人对腕带式可穿戴设备功能之间关系的认识。之所以使用卡片分类法,是因为它可以直观地获得参试者对于科技产品的心智模型,是设计工作流、菜单结构或网站导航路径重要且常用的方法[238]。实验开始前,主试通过检索当前市面上智能手表类设备,收集了57项功能,以涵盖可穿戴设备的主要功能。这些功能被制作成焦点小组中的卡片。

每场讨论均在安静的实验室中进行。主试阐述完实验目的后,参试者填写知情同意书,并填写个人背景信息问卷。然后,主试为参试者讲解卡片分类的规则和目的,并通过一个预测试帮助老年人理解。预测试的内容是对10个卡片进行分类,卡片内容为猫、狗、麻雀等老年人熟悉的动物。参试者被要求按自己的理解将相同的卡片放在一起,并为每个分类命名。

确认参试者完成预测试并了解了卡片分类的方式后,主试拿出提前准备好的可穿戴设备功能卡片,请参试者进行分类,并让其在分好类后,以贴标签的形式为每一个类别命名。由于一些功能并不常见或存在歧义,主试会为参试者阐述它们的具体含义(如呼吸训练、温度计、NFC门卡等)。在此过程中,如果参试者对功能本身表示疑问,主试也会提供解释。如果参试者认为某一项或几项功能无法分类,他们也可以将这些功能单独放置,划分到"其他"类别中。命名结束后,主试询问参试者分类和命名的准则和原因。整个实验持续时间为40分钟至1小时。

5.2.2 结果

卡片分类的结果显示,11名参试者总共将57项腕带式可穿戴设备功能分为22类。有以下主要发现。

第一,参试者对健康类和运动类功能的归类具有高度一致性。所有参试者均将类似的功能划入一类,并提出了与"健康""运动"类似的分类标签。共有12项功能被划入健康类别。其中,8项功能被8名以上参试者一致归入健康类别,2项功能(跌倒监测、紧急呼救)被约半数参试者归入健康类别,2项功能(综合活力指数测量、久坐提醒)仅被1名参试者归入健康类别。共有22项功能被划入运动类别。其中,15项功能被8名以上参试者一致归入运动类别,2项功能(久坐提醒、活动提醒)被约半数参试者归入运动类别,5项功能(如指南针、呼吸训练、跌倒监测等)被1~2名参试者归入运动类别。综上所述,共有23项功能在超过75%的参试者之间获得了一致的分类,代表一致性较高[239]。

第二,除健康类和运动类功能外,参试者对其余功能的分类较为分散,一致性低。其余的分类共有20个,且所有分类的提出人数均不超过全部人数的一半。其中,最常被提及的分类是"日常生活工具"和"提醒",各有6名参试者提及。提出"日常生活工具"的参试者,一致地将6项功能(如温度计、计算器、手电筒等)归入该类别;而提出"提醒"的参试者,则一致地将4项功能(如事件提醒、来电提醒等)归入该类别。其次是"时间"分类($N=5$)和"电话"分类($N=4$)。提出"时间"分类的参试者中绝大多数将闹钟、计时器等5项与时间相关的功能归入这一类别,而提出"电话"分类的参试者则一致地将来电提醒、短信提醒等5项功能归入这一类别。其余分类的提出人数均在4名以下。这反映了参试者在认识可穿戴设备健康、运动之外的功能时,有着较大的认知差异。

第三,参试者分类的思路不同。整体来看,参试者对可穿戴设备功能的分类思路主要有两个:(1)按照功能所支持的行为、活动分类。共有9名参试者按此思路分类,得到的分类标签包括"健康监测""出行""娱乐""支付"等。(2)将功能与熟悉的事物进行关联,据此为其分类。共有8名参试者按此思路分类,得到的标签包括"时间""电话"等。此外,还有个别参试者按照功能的使用方式(分类标签如"查看读取"和"使用")(N=2)、功能的范围(分类标签为"专门功能")(N=1)和功能的重要程度(分类标签为"紧急功能")(N=1)来分类。

基于以上结论,从老年人的心智模型出发,两种分类的导航设计被确定:一种是按照功能所支持的行为分类,即基于可供性分类的导航设计;另一种是按照与熟悉事物的关联分类,即基于熟悉事物分类的导航设计。在下一阶段,我们将通过实验,评估这两种分类的导航设计在提升老年人可穿戴设备任务绩效和用户体验上的效果。

5.3 验证实验:方法

通过焦点小组讨论,本章从老年人的心智模型出发,得到两种分类的导航设计,即基于可供性分类的导航设计和基于熟悉事物分类的导航设计。接下来,本章将从任务绩效、用户体验和偏好方面比较这两种分类的导航设计与不分类的导航设计。由于心智模型与使用经验有关[192,240],研究针对有和没有使用经验的参试者分别展开分析。此外,为了探索这样的设计是否也对年轻人有效,还招募了年轻参试者参与实验。

5.3.1 实验设计

实验为组间和组内的混合设计。组间有两个因素,分别是年龄(年轻组或老年组)和使用可穿戴设备经验(有或无);组内因素为导航设计方式,即不分类的导航设计、基于可供性分类的导航设计、基于熟悉事物分类的导航设计。其中,不分类的导航设计作为对照组,以探究分类的导航设计能否提升老年人的使用体验。

5.3.2 变量测量

本研究关注的因变量包括绩效(即寻找功能的错误数)和主观评价两部分。主观评价包括易用性、满意度和偏好。(1)易用性采用 Simunich 等人[241]关于 Findability 的问卷,刻画了寻找功能的难易程度。(2)满意度改编自 Lewis[242] 的 PSSUQ(Post-Study System Usability Questionnaire)问卷,询问参试者对导航设计的满意程度。所有量表均是 5 点的李克特量表,"1"代表非常不符合自己的感受,"5"代表非常符合自己的感受。(3)询问参试者对 3 种导航设计的偏好以及偏好的原因。研究者提供了 4 个可能的原因备选,分别是减少了搜索的时间、不容易发生错误、分类标签容易理解和分类清晰合理,同时允许参试者自己添加偏好原因。

5.3.3 功能分类

基于焦点小组讨论的结果,研究者根据两种分类方式各确定了7个功能分类标签。接下来,需要将全部57项功能归入这些分类标签中,让参试者通过标签寻找。由于焦点小组结果显示参试者对健康、运动功能的分类一致,这些功能就直接被归入相应的分类中。其余功能的分类由招募的3名志愿者进行。这3人均是清华大学人机交互领域的博士研究生,且对可穿戴设备功能有着一定的了解。3人按照功能支持的活动、功能与熟悉事物的关联,分别将功能归入分类标签下。3人中多数人的分类结果被用作功能的最终分类,结果如表5.1所示。

表5.1 基于可供性和熟悉事物的功能分类和命名结果

按可供性分类	
健康监测	心率测量、睡眠监测、心电监测、跌倒监测、心率过高提醒、压力监测、呼吸训练、血压监测、血氧饱和度测量
运动监测	今日步数、今日消耗卡路里、今日行走距离、锻炼记录、锻炼模式、运动达标提醒、步数记录、站立活动记录、运动最大摄氧量、当前上楼梯数、消耗卡路里记录、距离记录、测量综合活力指数、室外锻炼路径
通信联络	打电话、通讯录、来电提醒、紧急呼救
提醒接收	电量提醒、久坐提醒、消息提醒、事件提醒、来电提醒、活动提醒
娱乐支持	远程拍照、音乐、图片、换表盘
出行支持	GPS定位、NFC门卡、NFC公交支付、NFC扫码支付
日常生活支持	语音助手、日历、计算器、世界时间、天气预报、倒计时、日程、找手机、秒表、指南针、手电筒、海拔气压计、闹钟、温度计、计时器、查看股票
按熟悉事物分类	
健康功能	心率测量、睡眠监测、心电监测、跌倒监测、心率过高提醒、压力监测、呼吸训练、血压监测、血氧饱和度测量
运动功能	今日步数、今日消耗卡路里、今日行走距离、锻炼记录、锻炼模式、运动达标提醒、步数记录、站立活动记录、运动最大摄氧量、当前上楼梯数、消耗卡路里记录、距离记录、测量综合活力指数、室外锻炼路径
电话功能	打电话、通讯录、来电提醒、紧急呼救
提醒功能	电量提醒、久坐提醒、消息提醒、事件提醒、来电提醒、活动提醒
时间功能	日历、世界时间、倒计时、日程、秒表、闹钟、计时器

续表

按熟悉事物分类	
多媒体	远程拍照、音乐、图片
百宝箱	语音助手、计算器、天气预报、找手机、指南针、手电筒、海拔气压计、温度计、查看股票、换表盘、GPS定位、NFC门卡、NFC公交支付、NFC扫码支付

5.3.4 参试者

参试者的招募通过在微信群和微信朋友圈发布问卷展开。60岁以上的老年人和18~35岁之间的年轻人被邀请以填写问卷的方式参与实验。共53名老年人、80名年轻人填写了问卷，其中老年组有效问卷43份，年轻组有效问卷76份，回复率分别为81.1%和95.0%。最后的参试者情况如表5.2所示。老年组共43名参试者，年龄在60~72岁之间($M=64.1, SD=4.14$)，女性占比76.7%，其中19名有腕带式可穿戴设备使用经验。年轻组共76名参试者，年龄在20~32岁之间($M=24.1, SD=3.28$)，女性占比56.6%，其中49名有腕带式可穿戴设备使用经验。就科技使用水平而言，老年组平均使用2.5个科技产品，主要包括智能手机、台式电脑、智能手表等，认为自己使用智能手机的水平不够熟练($M=3.8, SD=0.70$)；而年轻组则平均使用3.6个科技产品，主要包括智能手机、笔记本电脑、智能手表、平板电脑等，且认为自己能熟练使用智能手机($M=4.28, SD=0.59$)。

表5.2 参试者个人信息

	老年组($N=43$)	年轻组($N=76$)
性别		
—男	10	33
—女	33	43
年龄	60~72 ($M=64.1, SD=4.14$)	20~32 ($M=24.1, SD=3.28$)
教育水平		
—初中	4	0
—高中	9	0
—大专	17	0
—本科及以上	13	76

续表

	老年组($N=43$)	年轻组($N=76$)
婚姻情况		
—已婚	37	6
—未婚	0	70
—离婚	6	0
收入水平		
—0~5 000元	17	52
—5 000~10 000元	20	16
—超过10 000元	6	8
科技产品使用水平		
使用的科技设备数目	2.5	3.6
使用智能手机的自我效能(1—低;5—高)	3.8($SD=0.70$)	4.28($SD=0.59$)
可穿戴设备使用经验		
—有	19	49
—无	24	27

5.3.5　实验流程

实验以线上问卷的方式进行。问卷首先介绍可穿戴设备的功能和常见的使用场景,以帮助未使用过可穿戴设备的参试者建立基本认识。进而阐明实验的目的,即探究对用户友好的可穿戴设备导航设计方式以帮助用户更好地使用可穿戴设备。接下来,请参试者根据问卷题目描述的场景,在不同的导航设计下,通过点击题目下方的列表找到对应的功能。不分类的导航设计中,参试者直接从全部功能列表中寻找功能;基于可供性或熟悉事物分类的导航设计中,参试者需要先点击可供性或熟悉事物的分类标签,再在分类标签下寻找功能。主试提供两个问卷链接,请参试者随机选择一个进入。两个问卷链接中,首先呈现的都是不分类的导航设计方式。之后,一个链接先呈现基于可供性分类的导航设计,再呈现基于熟悉事物分类的导航设计;另一个链接则先呈现基于熟悉事物分类的导航设计,再呈现基于可供性分类的导航设计。每种分类方式下,参试者需完成12个寻找任务,包括查找天气预报、闹钟等。完成寻找任务后,参试者根据刚刚在该导航设计中查找的体验,评价其易用性和满意度,再体验下一种导航设计。3种导航设计体验完成后,参试者选择偏好的导航设计以及偏好原因。问卷的最后,参试者填写自己的个人信息。

5.4 验证实验:结果

本节比较对腕带式可穿戴设备有不同使用经验的老年人和年轻人在3种导航设计下的任务绩效和用户体验。首先,比较不同年龄和使用经验的参试者之间的差异。如果数据呈正态分布,则使用独立样本 t 检验,否则使用 Kruskal-Wallis 检验。然后比较不分类和分类的导航设计,以及在两种分类的导航设计下的结果有无显著差异。其中,与不分类的导航设计比较时,分类的导航设计的结果为基于可供性分类的导航设计和基于熟悉事物分类的导航设计的平均值。如果两组导航设计下任务绩效或主观评价的差值为正态分布,则使用配对的 t 检验,否则使用配对的 Wilcoxon 符号秩检验。

5.4.1 任务绩效

老年参试者和年轻参试者、有和没有腕带式可穿戴设备使用经验的参试者错误数的比较结果见表5.3。Kruskal-Wallis 检验结果显示,就错误数而言,老年参试者的错误数($M=1.47, SD=2.63$)显著多于年轻参试者($M=0.33, SD=0.64, H=27.17, p<0.001$),但是否有使用经验对错误数的影响并不显著。

表 5.3　不同年龄和使用经验的参试者错误数的比较结果

	比较项目	M	SD	统计量	p
年龄	老年人	1.47	2.63	$H=27.17$	$<0.001^{***}$
	年轻人	0.33	0.64		
使用经验	有使用经验	0.76	1.74	$H=0.72$	0.396
	无使用经验	0.72	1.77		

注:*** 为 $p<0.001$。

分别比较老年参试者和年轻参试者使用3种导航设计时的错误数,结果如图5.1所示。有使用经验的老年参试者在不分类和分类的导航设计下的错误数没有显著差异,但他们在基于熟悉事物分类的导航设计下的错误数($M=1.2, SD=2.23$)显著低于在基于可供性分类的导航设计下的错误数($M=1.6, SD=2.84, W=32.5, p=0.05$);进一步比较基于熟悉事物分类的导航设计下($M=$

1.2，$SD=2.23$)和不分类的导航设计下的错误数($M=1.7,SD=2.23$)，发现差异同样显著($W=48,p=0.041$)。无使用经验的老年参试者在不分类的导航设计下的错误数($M=0.9,SD=2.34$)显著低于在分类的导航设计下的错误数($M=1.7,SD=2.53,W=1.50,p=0.025$)，而两种分类的导航设计下的错误数没有显著差异。

而在年轻组中，无论有还是没有使用经验的参试者，在分类的导航设计下的错误数(有使用经验：$M=0.3,SD=0.54$；无使用经验：$M=0.1,SD=0.30$)均显著低于不分类的导航设计下的错误数(有使用经验：$M=0.6,SD=0.87,W=160,p=0.009$；无使用经验：$M=0.4,SD=0.64,W=42,p=0.024$)，而两种分类的导航设计下的错误数没有显著差异。

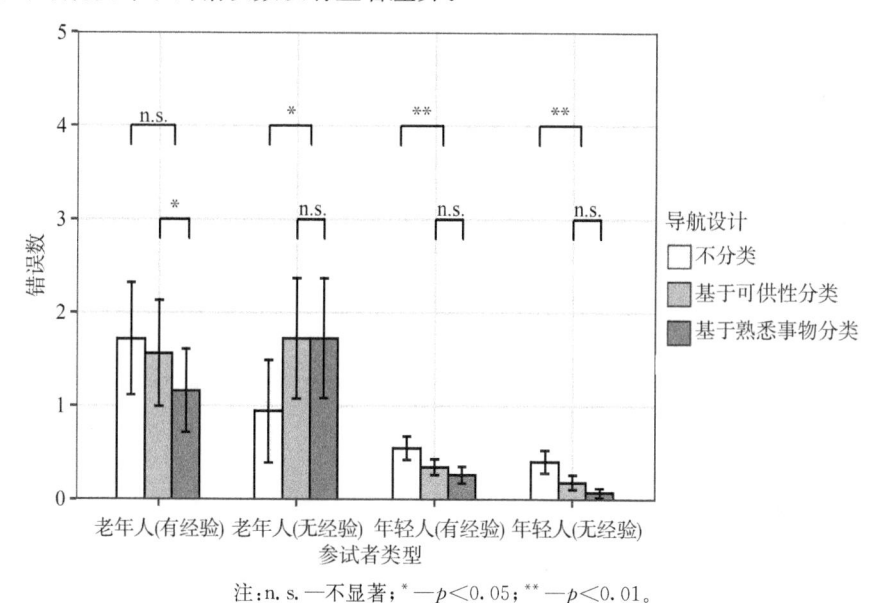

注：n.s.—不显著；*—$p<0.05$；**—$p<0.01$。

图 5.1 不同使用经验的老年和年轻参试者在 3 种导航设计下的错误数

5.4.2 易用性

在 3 种导航设计下，拥有不同使用经验的老年和年轻参试者易用性评价的比较结果见表 5.4。结果显示，年龄和使用经验对易用性评价的影响均显著。老年参试者的易用性评价($M=3.85,SD=0.92$)显著高于年轻参试者($M=3.54,SD=0.87,H=8.60,p=0.003$)，有使用经验的参试者的易用性评价($M=3.74,SD=0.89$)显著高于没有使用经验的参试者($M=3.53,SD=0.90,H=5.20,p=0.023$)。

表 5.4 不同年龄和使用经验的参试者易用性评价的比较结果

	比较项目	M	SD	统计量	p
年龄	老年人	3.85	0.92	$H=8.60$	0.003**
	年轻人	3.54	0.87		
使用经验	有使用经验	3.74	0.89	$H=5.20$	0.023*
	无使用经验	3.53	0.90		

注：* 为 $p<0.05$，** 为 $p<0.01$。

不分类和分类以及两种分类的导航设计下参试者易用性评价的结果见图 5.2。老年参试者对分类的和不分类的，以及两种分类的导航设计的易用性评价均无显著差异。对于有和没有使用经验的年轻参试者，都是分类的导航设计（有使用经验：$M=3.68, SD=0.69$；无使用经验：$M=3.73, SD=0.62$）下的易用性评价显著高于不分类的导航设计（有使用经验：$M=3.41, SD=0.90, W=300, p=0.037$；无使用经验：$M=2.98, SD=0.94, W=48.5, p=0.002$）。比较两种分类的导航设计，无使用经验的年轻参试者对基于熟悉事物分类的导航设计（$M=3.89, SD=0.62$）的易用性评价边缘显著地高于基于可供性分类的导航设计（$M=3.56, SD=0.84, W=35.5, p=0.055$），而有使用经验的年轻参试者对两种分类的导航设计的易用性评价差异并不显著。

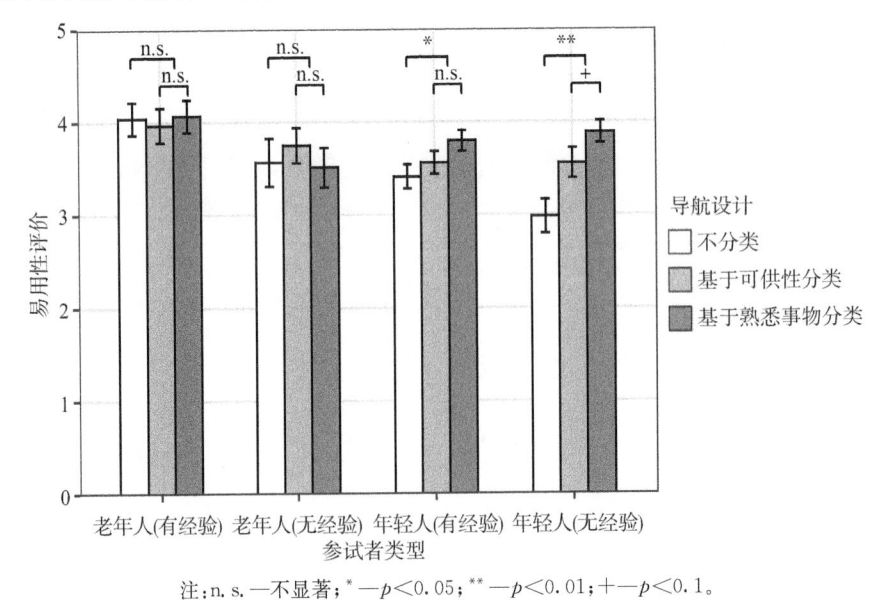

注：n.s.—不显著；*—$p<0.05$；**—$p<0.01$；+—$p<0.1$。

图 5.2 不同使用经验的老年和年轻参试者对 3 种导航设计的易用性评价

5.4.3 满意度

不同年龄组和使用经验的参试者满意度评价比较结果见表5.5。结果显示,老年参试者的满意度评价($M=3.91, SD=0.91$)显著高于年轻参试者($M=3.54, SD=0.93, H=8.6, p=0.003$),而有使用经验的参试者满意度评价($M=3.75, SD=0.91$)显著高于没有使用经验的参试者($M=2.55, SD=0.98, H=5.2, p=0.023$)。

表5.5 不同分类方式、年龄和使用经验的参试者满意度评价的比较结果

	比较项目	M	SD	统计量	p
年龄	老年人	3.91	0.91	$H=8.6$	0.003**
	年轻人	3.54	0.93		
使用经验	有使用经验	3.75	0.91	$H=5.2$	0.023*
	无使用经验	2.55	0.98		

注:* 为 $p<0.05$,** 为 $p<0.01$。

进一步分别查看老年和年轻参试者对3种导航设计的评价,结果见图5.3。不论是否区分有无可穿戴设备使用经验,老年参试者对分类的和不分类的,以及两种分类的导航设计的满意度评价均无显著差异。没有使用经验的老年参试者对基于可供性分类的导航设计的满意度评价($M=3.94, SD=0.80$)略高于其余两种导航设计,但差异并不显著(不分类:$M=3.50, SD=1.11, W=11.5, p=$

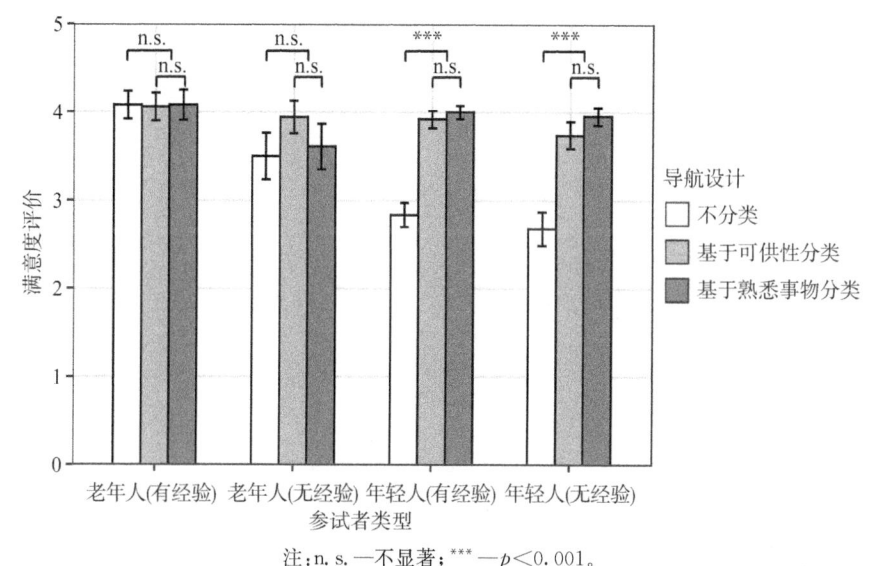

注:n.s.—不显著;*** — $p<0.001$。

图5.3 不同使用经验的老年和年轻参试者对3种导航设计的满意度评价

0.111；基于熟悉事物分类：$M=3.61, SD=1.09, W=6, p=0.181$)。

年轻参试者对分类的导航设计的满意度评价(有使用经验：$M=3.96, SD=0.50$；无使用经验：$M=3.85, SD=0.56$)均显著高于不分类的导航设计(有使用经验：$M=2.84, SD=0.95, W=84.5, p<0.001$；无使用经验：$M=2.68, SD=0.98, W=21.5, p<0.001$)，但他们对两种分类的导航设计的满意度评价差异不显著。

5.4.4 偏好及原因

不同使用经验的老年和年轻参试者对3种导航设计的偏好结果见表5.6。考虑到老年参试者人数较少，采用Fisher精确检验来比较老年参试者的偏好，采用卡方检验来比较年轻参试者的偏好。首先比较对不分类的和分类的导航设计的偏好。结果显示，从偏好上来看，无论有还是没有使用经验，老年和年轻参试者对分类的导航设计的偏好均显著高于不分类的($ps<0.001$)。比较两种分类的导航设计，结果显示，有经验的老年参试者对基于熟悉事物分类的导航设计的偏好显著多于基于可供性分类的导航设计($p=0.011$)。无使用经验的老年和年轻参试者对两种分类的导航设计的偏好没有显著差异。老年人最频繁提及的偏好原因是分类清晰合理和不容易出现错误，而年轻人提及最多的偏好原因是减少了搜索时间。

表5.6 不同使用经验的老年和年轻参试者对3种导航设计的偏好

	老年人		年轻人	
	有使用经验 N(%)	无使用经验 N(%)	有使用经验 N(%)	无使用经验 N(%)
不分类	1(4%)	2(11.1%)	5(10.2%)	2(7.4%)
分类	24(96%)	16(88.9%)	44(89.8%)	25(92.6%)
—基于可供性分类	6(24%)	9(50%)	18(36.7%)	15(55.6%)
—基于熟悉事物分类	18(72%)	7(38.9%)	26(53.1%)	(37.0%)

5.5 讨论

本章从老年人的心智模型出发，得到了两种分类的导航设计，并通过实验比较了不同的导航设计下有和没有腕带式可穿戴设备使用经验的老年人和年轻人的任务绩效和用户体验。

第一，焦点小组结果显示，老年人对腕带式可穿戴设备功能的心智模型为深度较浅（绝大多数仅 2 层）的树状结构，主要根据自身对可穿戴设备的理解来分类。这一结果部分呼应了前人的研究。Ziefle 和 Bay[69]关于手机应用的心智模型的研究结果显示老年人的心智模型的平均深度为 2.1，该深度与本研究结果一致。焦点小组结果还显示，老年人分类的思路主要有两种：其一是基于可供性来划分，即将支持同一类用户行为的功能归为一类。这一结果与 Kurniawan 和 Zaphiris[190]的研究发现类似。该研究针对网页健康信息，发现老年人倾向于根据功能提供的服务来分类。其二是基于与熟悉事物的关联划分，即将腕带式可穿戴设备功能与老年人熟悉的事物关联，将关联类似事物的功能分为一类。

从错误数上讲，不同导航设计对不同年龄、不同使用经验的用户影响不同。对于有使用经验的老年人而言，在基于熟悉事物的分类下，他们的错误数最低。这一结果与 Huang 等人[70]基于网页研究的结果接近，即老年人在树状结构中的任务绩效高于在线状结构中的任务绩效。这样的结果可能是因为基于熟悉事物分类的导航设计更贴近有使用经验的老年人的心智模型，因而能顺利地将用户导航至所需功能。当老年人的心智模型与导航的实际设计不一致时，老年人只能通过"try-and-error"的方式去找到功能，在试错中尝试理解产品的导航设计，但还是容易很快忘记[243]。而对于没有使用经验的老年人而言，由于缺乏对可穿戴设备功能的认识，不论是基于可供性分类还是基于熟悉事物分类的导航设计均不符合他们的心智模型。与分类的导航设计不同，不分类的导航设计要求参试者逐个查看功能以确认是否符合任务需求，既不需要识别分类标签，也不需要记忆类别中的功能，更符合该类人群的心智模型。年轻人的情况则与老年人不同：年轻人的错误数非常少，显著低于老年人；且不论是否有使用经验，年轻人在分类的导航设计下的错误数均少于在不分类的导航设计下的错误数。这样的结果说明，分类的导航设计更适合年轻人，即便其中有些人并未使用过可穿戴设备。一是因为年轻人获取信息的渠道更广，这使得他们即便没有使用过可穿戴设备，也对设备有基础了解。二是可能因为年轻人的工作记忆好，他们通过"try-and-error"准则能很快理解并记住导航设计，从而准确地完成任务。这一点从年轻人在 3 种导航设计下极低的错误数（均值均小于 1）可以看出。同时，实验样本中，年轻参试者的教育背景普遍高于老年参试者，教育背景或许也是年轻人表现更佳的原因之一。考虑到老年人的接受能力有限，实验将搜索任务设计得较为简单，而年轻人较强的记忆和学习能力使得他们能快速接受导航设计，然后准确地完成搜索任务。因此，错误数或许并不能完全反映他们对腕带式可穿戴设备功能组织方式的理解，有必要结合主观评价做进一步分析。

从主观评价上讲，不同的分类方式对两个年龄组的影响不同。尽管与年轻人相比，老年人任务中的错误数更多，但他们对导航设计的易用性和满意度评价却均显著高于年轻人。尤其是有使用经验的老年人，他们对3种导航设计的易用性和满意度评价均较高（接近4，代表"满意"）。老年人更多的错误数可能是因为分类的导航设计在减少菜单深度的同时增加了操作难度：与不分类的导航设计下能直接看到功能不同，参试者在分类的导航设计下需要点击分类标签才能看到具体功能；且如果找错分类，还需再探索其他分类标签；如果记错了已经点过的标签，则可能会出现重复进入同一功能分类的情况。因此，对老年人来说，3种导航设计带给老年人的整体感知难易程度可能是不相上下的。而不论有还是没有使用经验，年轻人均认为分类的导航设计更易于使用，体验也更令人满意。这可能是因为对年轻人来说，这些因分类而增加的操作步骤并不复杂。不分类的导航则使得功能列表非常冗长，他们很容易错过要找的功能，而在分类的导航设计下，功能标签指引他们直接前往可能的功能中，且每个分类标签中的功能数少，搜索起来更方便。年轻人只享受了分类的导航设计的益处，却没有被其缺点阻碍，因此他们认为分类的导航设计更为简单，也对这样的设计更加满意，这与Li和Chen[194]的研究结果一致。除了分类带来的操作难度外，另一个可能的原因是老年人本身较为宽容。由于生活节奏较慢，他们不像年轻人那样在意效率，能接受一些不够有条理、使用起来耗时的设计。针对老年人设计导航时，不仅要考虑分类依据符合老年人的认知，还要考虑实际操作可能给老年人带来的困难。更细致的研究、更新颖的交互手段（如语音、手势等）或许可以就这一问题给出更好的答案。

不论老年人还是年轻人，不分类的导航设计都是最不受欢迎的。虽然有使用经验的老年人对不分类的导航设计评价较高（均值接近4），无使用经验的老年人在不分类的导航设计下错误数最少，但几乎没有人偏好该方式。这说明，即便老年人是更宽容的群体，能接受冗长的、无任何分类信息的功能列表，但比较起来，即便需要更多的操作步骤，他们还是更喜欢分类的导航设计下更简单的呈现方式，这一结果与Huang等人[70]的研究结果不一致。该研究显示，在网状、树状和线状结构中，老年人最偏好线状结构。这种差异可能是由于该研究中3种导航设计所展示的内容数量不同（网状结构有40个节点，树状结构有37个节点，而线状结构只有24个节点），且树状结构的层级较深（深度为4）。因此，当面对的项目数更多而树状结构的层级更浅时，老年人对线状结构的偏好可能无法保持。本研究显示，有使用经验的老年人偏爱基于熟悉事物分类的导航设计，没有使用经验的老年人则对两种分类的导航设计的偏爱程度差不多。

整体来说,基于熟悉事物分类的导航设计的表现好于其余两种导航设计。它有效地提升了有使用经验的老年人搜索的准确性,更受他们的偏爱,并得到了老年人较高的易用性和满意度评价。这样的结果与 Zhou 等人[243],Leung 等人[75]的研究结果呼应。这些研究发现,当老年人面对他们所熟悉的事物分类的导航设计时操作错误更少,设备的可用性也更高。这说明,当老年人使用过可穿戴设备后,趋向于通过将设备功能与自己熟悉的事物联系起来以认识和理解功能。

总之,有必要从用户的心智模型出发进行合适的导航设计,方便其寻找功能,更好地利用可穿戴设备。老年人工作记忆能力的衰退导致其和年轻人相比,学习能力降低,更难记住新内容。分类的导航设计减少了单一界面中展示的功能数量,有助于缓解老年人的迷失情况,提升功能被发现和使用的可能性,但不合理的分类可能会增加老年人的困惑。因此,当为老年人设计分类的导航设计时,需要谨慎地探究其对可穿戴设备的理解,让分类方式符合其心智模型。本章结果显示,对于无可穿戴设备使用经验的老年人,不分类的导航设计能降低其可能的操作错误,让老年人在逐个探索的过程中建立起对可穿戴设备的认识。同时,与可供性相关的信息也能帮助老年人了解设备。而对于那些有一定使用经验的老年人,建议使用基于熟悉事物分类的导航设计,以匹配他们的心智模型。对于年轻人来说,分类的导航设计是非常有必要的,可以有效减少他们在搜索中出现的错误,提高搜索质量。而由于年轻人学习和记忆能力较强,分类方式对于他们而言可能不如对于老年人那么重要。此外,可穿戴设备的设计者可以询问用户的年龄、使用可穿戴设备的经验、知识水平等信息,据此提供不同的默认导航设计,同时支持用户在不同的导航设计中切换。这种方式赋予了老年人更多的自主性,可能有助于提升任务绩效和满意度[71-72,244]。

5.6　本章小结

本章针对腕带式可穿戴设备的界面可用性,通过焦点小组探究老年人对腕带式可穿戴设备功能的心智模型,分析得到两种备选的功能分类思路,即基于可供性的分类和基于熟悉事物的分类。然后,本章通过线上实验验证这两种分类的导航设计与不分类的导航设计相比,在提升老年人任务绩效、对导航设计易用性和满意度评价上的效果,从而为适老化的导航设计提供了有价值的信息。此外,还收集了年轻人对不同导航设计的反馈。研究的主要发现如下:

第一,焦点小组结果显示,老年人主要根据两种思路来分类可穿戴设备功能。一种是按照功能的可供性划分。在这种分类思路下,可穿戴设备支持若干种用户的行为和目标,如支付、出行等,而每种行为或目标被若干功能支持,这些功能被归入同一类。另一种则是根据功能与熟悉事物的关联分类。在这种分类思路下,老年人认为可穿戴设备的功能(如电话、时间等功能)与一些他们熟悉的事物类似或者相关,以此分类不同的可穿戴设备功能。

第二,基于熟悉事物分类的导航设计能提升有可穿戴设备使用经验的老年人的搜索准确率,而在不分类的导航设计下,无可穿戴设备使用经验的老年人的搜索准确率最高。这说明基于熟悉事物分类的导航设计更贴近有可穿戴设备使用经验的老年人的心智模型,而不分类的导航设计更符合无可穿戴设备使用经验的老年人的心智模型。

第三,年轻人在分类的导航设计下任务准确率更高,对其易用性和满意度评价也显著高于不分类的导航设计。对于年轻人而言,不分类的导航设计使用起来不方便,也容易发生错误,而分类的导航设计减少了用户一次查看的项目数,同时年轻人较强的学习和记忆能力使得他们能很快理解并掌握分类的导航设计,从而可以通过标签快速筛选到想要的内容。此外,无使用经验的年轻人对基于熟悉事物分类的导航设计易用性的评价更高,说明该分类可能更契合无使用经验的年轻人对腕带式可穿戴设备的心智模型。

第6章

腕带式可穿戴设备界面可用性：健康数据呈现设计研究

6.1 研究目的

针对可穿戴设备的界面可用性，本章聚焦健康数据呈现，从老年人视觉和认知的衰退出发，提出面向老年人的可穿戴设备健康数据呈现设计 UnitDesign，通过 23 名老年人参与实验，探究当设计应用于两种数据量情况（数据简单和丰富）时，UnitDesign 在提升用户体验上的效果。基于参试者的任务绩效和用户体验，本章比较了使用和不使用 UnitDesign 对界面在搜索效率、理解正确率、信息呈现满意度、界面满意度等方面的影响。

6.2 UnitDesign 设计

6.2.1 理论依据

对通用性设计的研究表明，与年龄相关的能力下降可能会影响老年人对信息显示的阅读和理解。第一，老年人普遍存在的视力下降问题对老年人识别微小目标形成阻碍[245-246]，因此当面向老年人进行界面设计时，视觉对象的尺寸应该更大。第二，眼球中晶状体的弹性随着年龄的增长而降低，这导致其聚焦能力下降，眼睛更容易疲劳[247-248]。第三，老年人识别碎片化和嵌入性物体的能力下降，色觉也随着年龄的增长而减弱[245,248]。这些视觉功能的下降导致老年人从小型显示器上阅读信息比较困难。此外，认知功能的下降也是影响因素之一。老年人的短期记忆退化，这使得他们难以学习和保留新信息[249]，同时老年人比年轻人更难集中注意力，所以他们更容易被界面上不相关的信息干扰[248]。

为了了解如何针对老年人进行信息显示改善，我们关注可穿戴设备上的数据呈现，收集并整理了包含老年人为研究对象的研究。这些研究基于老年人能力的衰退，提出了多种信息显示手段。研究者们根据这些手段设计界面，并通过将界面在计算机上进行模拟或打印在纸上，研究这些技术是否有效解决了老年人在信息识别和理解方面的障碍。通过总结这些研究（表 6.1），我们发现这些手段可以分为 4 类，包括数据分类、数据组织、符号设计和可视化设计。部分研究只采用了其中一种方法[78,250-251]，也有部分研究结合了多种方法[74,252-255]。以下是对这 4 类手段的详细说明。

- 数据分类

根据信息处理模型，人用于处理信息的工作记忆是有限的[256]。对于工作记忆能力下降的老年人来说,这一限制尤为明显[249]。因此,在展示大量数据时,必须对数据进行分类,以减少对工作记忆的需求。首先,显示的数据应与设计者希望传达的任务或关键意义紧密相关。不太相关的项目应单独显示或完全省略。例如,为了提高老年人对健康信息的理解,Chin 等人邀请了 3 位医学专家删除段落中的冗余信息,结果发现经过修改的段落促进了老年人的理解[74]。其次,当需要展示多个数据项或屏幕空间有限时,区分需要强调的主要数据和其他信息至关重要,这为深入设计提供了基础。例如,在探索如何可视化心脏植入电子设备的数据时,Ahmed 等人研究了老年人对各种信息优先级的看法,以便决定如何布局仪表盘上的信息[253]。他们发现,老年人将心律警报和医生联系等信息评为高优先级,而日常心律图等信息则被评为较低优先级。

● **数据组织**

一旦信息的优先级被确立,就可以根据优先级重新组织数据,以引导和合理分配用户注意力。选择性注意和认知控制的负荷理论强调,海量多样的信息可能会导致视觉和认知负荷,从而削弱个人忽略干扰和有效处理信息的能力[257-260]。由于老年人的视力和注意力集中能力均有所下降,这种对数据的组织和分配是尤为重要的[245-246]。因此,对数据的组织,如根据数据优先级调整布局等是常见的减轻老年人负荷的方法[74,253,261]。例如,在优化网站文本信息时,Chin 等人以更符合逻辑的顺序呈现段落,并用为关键信息创建清晰的文本结构等方式重新组织了内容[74]。另一种组织信息的方法是将其分层显示[254,262-263]。这种方法特别适用于智能手机等小型设备,因为在一个这样的小型界面上呈现所有信息很容易导致视觉负荷。例如,在移动应用设计的背景下,Geerts 使用了双层界面设计——第一个界面提供了应用的简单介绍,而进阶功能可以在后续界面中进行访问[254]。研究表明,这种设计提高了老年人的可学习性和可用性。然而,这种分层设计可能会导致老年人无法察觉到第一个界面之外的其他界面。因此,可能需要添加可见的提醒来指导老年用户[264-265]。

● **符号设计**

与注意机制相关的研究表明,视觉注意有自下而上和自上而下两种运行模式[266-268]。自下而上的过程主要由界面的视觉特征(如颜色和形状)驱动,而自上而下的过程则依赖于内部因素,如任务目标和用户的已有知识[269-270]。在自上而下的过程中,符号通常被用来利用用户的已有知识理解当前的信息呈现。由于符号在桌面和智能手机界面中的广泛应用,某些符号已经与特定含义紧密相关。然而,老年人在技术方面的经验通常与年轻的界面设计者不同,这可能导致设计者设计的符号并不能被老年人理解。因此,有几项研究探讨了如何设计能促进老年用户理解符号。这些研究发现，符号与其代表的功能之间的密切关系和自然联系对此确实有帮助，而且具体而非抽象的隐喻可以减少错误并提高老年用户的可用性[75-76,205,250]。这些符号符合老年用户的现有知识水平，老年人对其更加熟悉，因此能够更好地向老年用户传达其想要表达的含义。

- **可视化设计**

在自下而上的注意过程中，采用适合老年人特点的可视化设计可以引导老年人的注意力，减轻老年人的视觉和认知负担。由于与年龄相关的视觉能力的变化，多项研究采用几种方法改进界面，以吸引老年人的注意力，降低其视觉负荷，避免视觉疲劳。首先，考虑到老年人的视力和视野下降，关键信息应突出显示，加大尺寸，并位于屏幕中央[248,252]。其次，考虑到老年人感知碎片化物体的能力下降，建议尽量减少使用复杂和嵌入式的视觉组件[252,261]。最后，由于老年人的色觉和晶状体弹性下降，过高的亮度和过多的颜色容易引起眼睛疲劳[45,261]。实证研究表明，当在信息可视化的不同组件（如背景、线条、数值）上实现视觉增强提示（如颜色编码）时，老年人的任务绩效和用户体验有显著提升[73,203,271]。这些研究强调，为老年人的需求量身定制的可视化设计有助于老年人识别和理解信息。

此外，有几项研究考虑了其他影响因素，如信息量和任务类型，发现不同的信息量可以引发对工作记忆的不同需求，从而影响老年人对信息显示的理解和评价[203-204,255]。

虽然腕带式可穿戴设备信息显示的设计可以借鉴移动应用程序和网站设计的研究成果，但将这些结果直接应用于腕带式可穿戴设备信息显示时可能会存在一定问题。首先，腕带式可穿戴设备的显示界面较小，其内容的结构和布局需要进行特别考量。例如，Chin 等人使用概念提纲来标示最重要的内容，并通过添加项目符号为计算机界面创建信息结构[74]。然而，由于腕带式可穿戴设备界面的空间有限，这种内容组织方式无法直接应用。其次，很多研究使用向原始显示内容中添加个性化信息或数值等细节来提升数据理解，但对于老年人而言，这可能会增加他们的视觉负担，而在腕带式可穿戴设备的小型界面上，这一问题可能会更加严重。最后，某些视觉增强方法（如为重要内容添加颜色标注）在较大界面上有助于信息显示[73,204]，但在腕带式可穿戴设备这样的小型界面上可能会增加用户的识别难度，尤其是对视敏度降低的老年用户来说。此外，可穿戴设备通常佩戴在人身体的某个部位，且常在用户进行（如步行等）体育锻炼时使用，这要求用户在设备与身体存在相对运动时能识别视觉细节。已有研究表明，与静止目标相比，人在识别运动目标时的视觉清晰度会下降，且随着年龄的增长，人的视觉能力会逐步衰退[272-273]。因此,针对可穿戴设备信息显示的研究是必要的。

然而,目前针对老年人可穿戴设备信息显示的研究十分有限,只有几位研究者进行了相关研究。其中,Rodriguez 等[274] 和 Cajamarca[275] 将带有信息显示的纸张贴在无功能的可穿戴设备上,收集参试者对原型的反馈。但基于纸张的设计使得参试者无法与设备进行交互,影响了用户的体验。这方面最相关的研究可能是 Fang 等人[78] 的研究,他们比较了可穿戴健康信息的 4 种信息显示方式,即文本、图表、图片和动画。结果显示,图表格式下老年参试者的表现和满意度较低,动画格式最受欢迎。此外,与年轻参试者相比,年长参试者对文本格式的态度更为积极。然而,该研究存在较多局限。首先,尽管该研究关注的是可穿戴设备的信息显示,但研究中的信息显示是在电脑上呈现的,因此得到的结果可能并不能反映老年人在腕带式可穿戴设备这样的小型界面上的体验。其次,研究中不同信息显示方式所包含的信息量是不同的,而这可能会对用户识别信息产生影响。例如,文本格式显示精确的血压数据(即两个数字),而动画格式将数据简化为二进制项(即血压是否在健康范围内)。此外,该研究只关注了一种静态健康数据(即血压数据),并且信息总量很小(即最多为两个数字)。因此,该实验中的信息阅读体验与使用腕带式可穿戴设备时的体验有很大的不同。

表 6.1 老年人可穿戴设备信息显示的实证研究

来源	呈现设备	使用的信息呈现手段				影响因素	
		数据分类	数据组织	符号设计	可视化设计	信息量	任务类型
Ahmed 等[253]	纸张	√	√				
Cajamarca 等[275]	智能手表和纸张				√		
Chen 等[250]	平板电脑			√			
Chin 等[74]	电脑	√	√				
Cotter 和 Yang[276]	电脑	√			√		
Dickinson 等[263]	电脑	√	√				
Fan 等[252]	电脑	√	√		√		
Fang 等[78]	电脑						
Ganor 和 Te'eni[76]	电脑			√			
Geerts 等[254]	手机	√	√				
Hakone 等[261]	电脑		√		√		
Le 等[251]	电脑			√			
Leung 等[262]	手机	√	√				

续表

来源	呈现设备	数据分类	数据组织	符号设计	可视化设计	信息量	任务类型
Leung 等[75]	纸张			√			
Liu 等[277]	电脑				√		
Price 等[203]	电脑				√	√	
Rodriguez 等[274]	手环和纸张			√			
Tao 等[271]	电脑				√		
Tao 等[73]	电脑				√		
Vorgelegt[204]	电脑				√	√	√
Zhou 等[205]	电脑		√				
Zhou 等[255]	电脑	√			√	√	

表头："使用的信息呈现手段"、"影响因素"

6.2.2 具体内容

根据已有的研究，我们认为，数据分类、数据组织、符号设计和可视化设计这4个方面构成了一个框架，指导我们提出适用于老年人的可穿戴设备信息显示设计。据此，本章提出 UnitDesign 设计以优化老年人可穿戴设备的数据呈现。

现在市面上的可穿戴设备往往在一个界面上展示多个数据，这样虽然呈现了更为丰富的信息，但却增加了用户分辨数据并将数据与其所代表的含义联系起来的难度。因此，有必要考虑老年人的认知和视觉衰退问题，改善健康数据的呈现方式，以此提升老年人的使用体验，帮助其从可穿戴设备健康数据中获益。本章提出针对老年人的可穿戴设备健康数据呈现设计 UnitDesign（图6.1），从老年人的认知和视觉衰退出发，通过数据分类决定数据呈现层次，通过数据组织降低老年人一次需处理的信息量，通过符号设计帮助老年人理解，通过视觉设计缓解老年人因视力衰退而带来的识别困难。详细阐述如下。

- **数据分类**

①确定 data unit。为促进老年人对健康数据的理解，UnitDesign 建议将基于同一个健康指标的数据作为 data unit，它们共同反映特定的健康状态。例如，心率数据可能包括当前心率、全天心率、最高心率和最低心率等。这些数据均基于对心率的测量，反映了用户的心率情况。这样的 data unit 将被展示在页面中。此外，考虑到老年人的认知局限，如果数据过于专业或者复杂，那么即使它反映了健康状态，也不被包含进 data unit（如静息心率）。

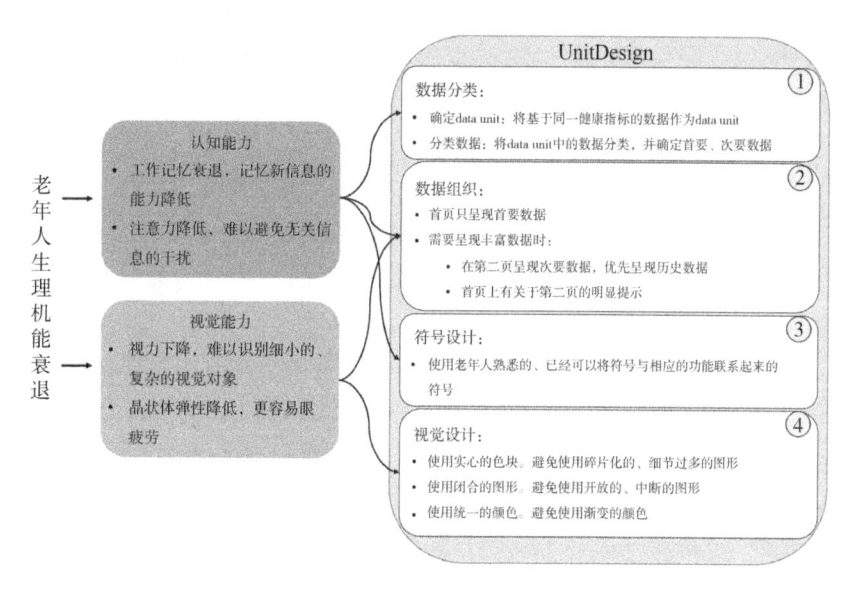

第 6 章　腕带式可穿戴设备界面可用性：健康数据呈现设计研究 | 099

图 6.1　UnitDesign 设计

②对主要和次要数据分类。当 data unit 中包含的数据丰富时，UnitDesign 建议先将数据分类，进而确定数据的优先级，为数据组织做准备。例如，根据数据的时效性和内涵，可以分为实时数据、历史数据、极值数据、诊断数据等。其中，实时健康数据监测往往被认为是用户使用设备的核心目的和设备需要提供给用户的基本价值[33,40,42,278]，同时实时数据也是用户最常查看的数据，UnitDesign 通常建议将实时数据作为首要数据。而 data unit 中的其他数据则为次要或辅助数据。

- **数据组织**

①首页只呈现首要数据。由于实时数据是用户查看频率最高的数据，UnitDesign 建议将实时数据作为只在首页展示的首要信息，以确保老年人能从界面中获得最基本的、最重要的信息。这样，一旦老年人看到界面，他们的注意力就会被吸引到数据单元上。此外，由于诊断信息是对实时数据的解释，UnitDesign 还建议增加关于诊断信息的提示，并支持老年人点击查看详细解释，以便其理解数据。

②当有丰富的数据需要显示时，在第二个界面显示辅助数据（即主数据以外的数据单元）。如果将丰富的数据一次性呈现给老年人，可能会增加老年人处理信息的难度，导致他们难以区分不同的数据（图 6.2 中左列）。因此，UnitDesign 建议采用分两步的方法来呈现丰富的数据，以简化信息处理过程，避免数据间的干扰。第一步，在第一个界面呈现首要数据；第二步，在第二个界面上呈现 data unit 中的其他数据。其中，UnitDesign 建议优先显示历史数据，因为历史数据可以帮助老年人全面了解数据的整体情况和趋势。如果老年人需要更多的细节，可以在第二个界面添加更多的链接。

③只有当丰富的数据基于不同的测量方法、反映健康信息的不同方面时，才在一个界面中显示。在某些情况下，虽然首要和次要数据都反映了用户特定的生理或身体状况，但它们基于不同的测量手段，反映了状况的不同方面。例如，可穿戴设备的运动模式数据可以包括步数、心率、运动时长等。这些数据一起反映了用户当前的运动状态，因此可以被识别为一个数据单元。然而，这 3 个数据是由不同的传感器获取的：步数来自加速度计，心率来自心率传感器，运动时长来自计时电子设备。它们都是实时变化的，并从不同的角度告诉用户他们的锻炼情况。因此，这些丰富的数据可以在一个界面中显示，而不是像 UnitDesign 在其他条件下要求的那样在不同的界面中显示。在这种情况下，可以通过颜色或更大的文本字体来强调主要数据，使其更突出显示。

④添加表明第二个界面存在的明显提示。分两步呈现丰富数据要求用户在下一个界面上查看次要数据。考虑到老年人在发现和探索隐藏操作方面存在困难[59]，需要在第一个界面上放置关于第二个界面的明确提示，以提醒老年人还有更多的数据可以查看。提示应该是可见的，并且足够大，以便老年人能够找到，并且它的形状应该很容易让老年人将其与"下一个界面"联系起来。例如，箭头可以作为前往另一个界面的提示。

- **符号设计**

当需要使用符号标志时，应选择老年人了解的符号，以传达相应的含义。研究表明，与使用难以理解的符号的系统相比，老年人面对使用熟悉或易于理解的符号的系统时，他们遇到的可用性问题更少，用户体验更好[75-76,205]。使用的符号对于老年人来说应该是常见的，并且与要传达的意思密切相关。例如，红色的爱心是一个流行的象征，人们很容易将其与心脏联系起来，因此可以用它来表示心率。

- **可视化设计**

①使用实心的色块。避免使用碎片化的、细节过多的图形。老年人的视觉能力下降，使得他们难以识别和感知复杂的视觉对象，如细节丰富的、碎片化的图标等[76,245,248]。而实心的色块更容易从背景中被识别[279]。

②使用闭合的图形。避免使用开放的、中断的图形。封闭的图形更容易被识别[245,247-248,280]。

③使用统一的颜色。避免使用渐变的颜色。由于晶状体弹性降低，老年人

更容易感到眼部疲劳[247-248]，所以变化的颜色使用应当克制[190]。

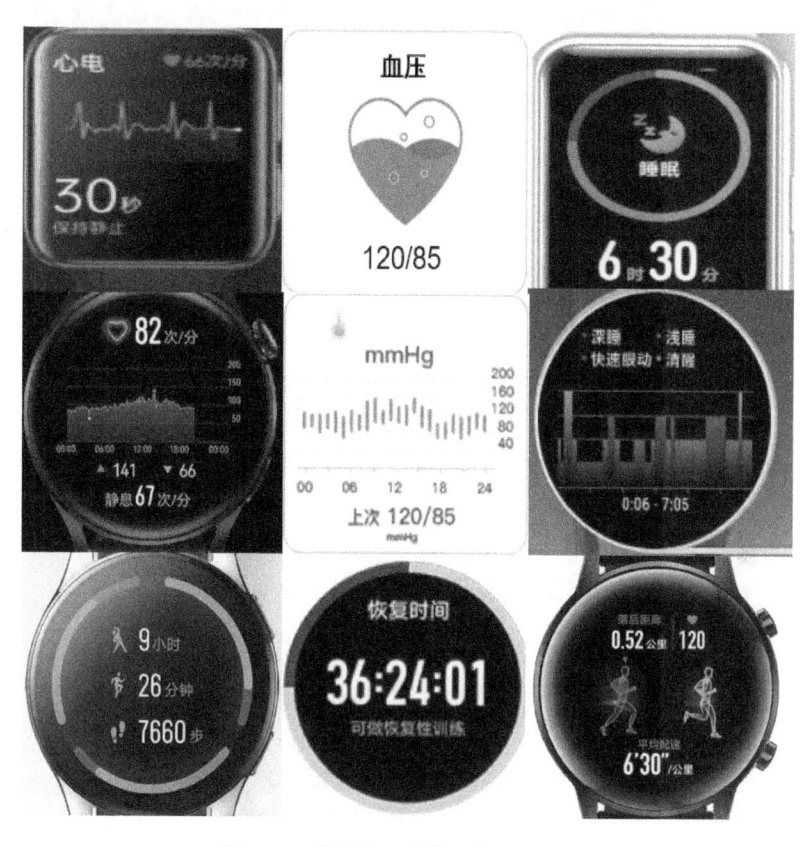

图 6.2　常见的可穿戴设备界面示例

6.3　研究方法

6.3.1　实验设计

在提出 UnitDesign 后，我们通过实验验证该设计对老年人的任务绩效和用户体验的影响。实验采用组内两因素设计：数据呈现设计（UnitDesign 或对照组）和设计所应用的数据量（数据简单或数据丰富）。其中，对照组指不应用 UnitDesign 的界面，参考市面上流行的商用可穿戴设备（如 Amazfit watch、Honor watch、Huawei watch、Garmin watch 等，见图 6.2）的健康运动信息界面设计。这些商用智能手表主要是为年轻人设计的，因此它们通常在一个界面中显示丰富的数据，让用户更快速方便地获取信息，并经常使用现代化的、复杂的可视化风格来迎合年轻用户，但这可能不适应老年人的需要。而 UnitDesign 界面则使用 UnitDesign 中的指导方针来改进对照组界面。在简单数据条件下，界面只显示主要数据；而在丰富数据条件下，主要数据（如当前心率和血压）和次要数据（如心率和血压的历史）都会显示出来。

6.3.2 参试者

由于大多数中国老年人没有使用可穿戴设备，本研究拟通过抽样方法来代表老年人中可穿戴设备的早期采用者（即那些比其他人更有可能购买和使用可穿戴设备的老年人）。这些人应该受过更好的教育，对信息技术持更开放的态度。因此，我们将大学退休人员确定为早期采用者，使用滚雪球抽样方法招募参试者。首先，研究者联系并招募了清华大学员工社区的一位老年人作为第一个参试者，然后邀请她从认识的人中推荐使用过可穿戴设备或对新技术感兴趣的参试者，这些参试者再推荐更多的参试者。共有 23 名参试者参加了这项研究。参试者的背景信息如表 6.2 所示。样本的平均年龄为 66.7 岁（$SD=3.26$，$Min=61$，$Max=72$），大多数为女性（65%）。所有的参试者都具有初中及以上学历，其中 7 人具有大学及以上学历。在月收入方面，15 名参试者的月收入在 5 000~10 000 元之间，其余的月收入低于 5 000 元。相较于 70% 的中国老年人的受教育程度为小学及以下，中国老年人的平均收入为 2 897 元[60]，参试者的受教育程度和收入均相对较高。所有的参试者都拥有一部智能手机，并且每天都在使用，他们对自己使用智能手机的技能很有信心（$M=3.7$）。21 名参试者已婚，2 名丧偶。超过半数的参试者（$N=13$）有使用可穿戴设备的经验，而另外 10 人没有使用经验。

表 6.2 参试者个人信息

特征	
年龄	61~72 岁（$M=66.7$，$SD=3.26$）
性别	
—男	8
—女	15
教育水平	
—初中	7
—高中	9
—大学及以上	7

续表

婚姻状态	
—已婚	21
—丧偶	2
月收入	
—＜5 000元	8
—5 000～10 000元	15
科技使用情况	
—拥有智能手机	23
—每天使用智能手机	23
—使用手机的自我效能(1—低;5—高)	$M=3.7$
使用腕带式可穿戴设备经验	
—有	13
—无	10

6.3.3 实验平台和材料

UnitDesign的应用和评估都是在Justinmind这个原型设计平台上进行的。Justinmind包含了丰富的设计元素并支持点击、滑动等大量的交互(http://www.justinmind.com/)。它允许设计的模型在网站或手机上运行,使得实验场景接近真实使用场景。

本研究中,研究者开发并测试了两组界面(即对照组界面和UnitDesign界面)。对照组界面的设计借鉴了老年人常用商用智能手表(如Amazfit watch、Honor watch、Huawei watch、Garmin watch等)的特点。这些参考界面有以下特点:①在一个界面上显示丰富的数据。大多数商用智能手表在一个界面上显示数据,以便更有效地向用户呈现信息。②仅用不同的颜色和字体区分首要数据和次要数据,甚至不区分。③使用多种颜色和渐变颜色将丰富的数据可视化。UnitDesign界面是将UnitDesign原则应用于对照组界面来设计的。本研究使用心率、睡眠、血压和锻炼模式作为呈现数据,因为它们在使用腕带式可穿戴设备的老年用户中很受欢迎[40,281]。如表6.3所示,在简单数据条件下只显示主要数据,而在丰富数据条件下,在第二个界面上显示除锻炼模式数据外的次要数据。这是因为锻炼模式的多个数据是基于不同的测量而来,反映了用户运动状态的不同方面。因此,将锻炼模式的多个数据显示在一个界面中,并根据

UnitDesign 的建议，用不同的颜色和更大的字体来强调主要数据（即运动时间）。

所有的界面都是在 Justinmind 上开发的，并在 iPhone 4S 上展示。选择这款机型是因为它的尺寸小（高度：115.2 mm；宽度：58.6 mm；厚度：9.3 mm），方便佩戴在手腕上。iPhone 4S 显示的智能手表界面尺寸为 47.6×47.6 mm，与市售的可穿戴设备相似。参试者像佩戴智能手表一样佩戴手机，并在静坐或行走时与界面交互以查看数据（图 6.3）。

表 6.3 实验所用界面

对照组	使用 UnitDesign
数据简单时	

	对照组	使用 UnitDesign
心率	心率 82 次/分	心率 71 正常
睡眠	睡眠 5时30分	睡眠 5时40分 正常
血压	血压 125/83 mmHg	血压 127 80 mmHg 正常
锻炼模式	锻炼模式 00:00:00	锻炼模式 锻炼时长 00:00:03

第6章 腕带式可穿戴设备界面可用性：健康数据呈现设计研究

续表

对照组	使用 UnitDesign
数据丰富时	

	对照组	使用 UnitDesign
心率		
睡眠		
血压		
锻炼模式		

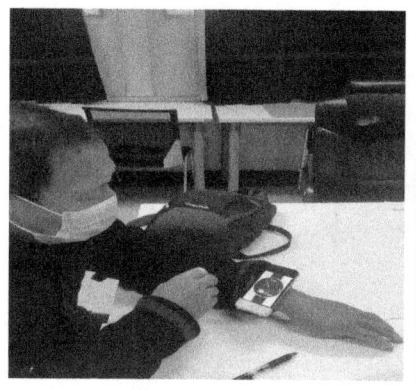

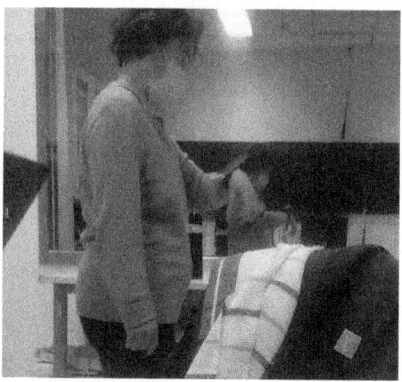

图 6.3　实验场景(静坐和行走时)

6.3.4 实验流程

参试者被邀请到清华大学的一个实验室中，由研究人员介绍研究目的和基本流程，参试者签署知情同意书后，在研究人员的帮助下佩戴原型设备。参试者先进行练习，即在设备上查看界面并与之交互，这些界面与后续任务中使用的界面具有相同的布局和交互设计，但没有提供任何数据。正式任务中的所有交互方式，如点击、切换界面等，都包括在练习阶段中。在练习环节，参试者可以寻求帮助，直到他们报告说自己可以顺利使用原型设备。

在正式任务中，参试者被随机分为两组。一组先被分配到简单数据条件，然后进入丰富数据条件；而另一组的参试者则顺序相反。如图6.3所示，在简单和丰富数据条件下，参试者被要求使用对照组界面和UnitDesign界面，在静坐和行走时查看数据。在简单数据条件下，参试者执行搜索任务，即查找和报告数据。当他们静坐的时候，需查看的数据是心率、血压和在床上的时间，这3个数据的顺序是随机的。然后他们被要求站起来，在行走时查看数据。查看数据的时间点是随机的，需报告的数据为运动持续时间。参试者从接收任务到找到一条数据所花费的平均时间为搜索时间。在丰富数据条件下，参试者不仅可以看到简单数据条件下的主要数据，还可以查看次要辅助数据（表6.3）。除了在简单数据条件下的搜索任务外，丰富数据条件下的参试者还执行信息理解任务。在信息理解任务中，参试者被询问一组与数据相关的问题，如数据的模式、异常值和最高值。在完成一个界面的实验任务后，参试者被要求填写一份纸质问卷，以评估他们对该界面的看法。最后，参试者在一个数据量条件下体验两组界面（即对照组界面和UnitDesign界面）后，还要对参试者进行一个简短的访谈，询问他们对这两组界面的偏好及其原因，并允许他们休息5分钟。在使用了4组界面后，会问参试者对设备呈现的数据量（简单数据或丰富数据）的偏好及其原因，还鼓励他们谈论自己喜欢和不喜欢的方面。整个实验用时约1小时。

6.3.5 因变量测量

通过以下方法对参试者绩效进行评估：①搜索时间。参试者从任务开始到查找数据所花费的时间。②答对率。答对问题的比例。

研究人员采用问卷调查的方式，收集参试者在一定数据量条件下对特定界面设计的信息展示满意度、可读性、易理解性、界面满意度和信息充分性的主观评价。详细信息如表6.4所示。所有变量的Cronbach's α均高于0.7的建议水平[215]，表明内部信度处于可接受的水平。

表 6.4 变量测量

变量	问题	来源	Cronbach's α
信息展示满意度	(1) 界面使用的图形(指图标、图等)非常合适 (2) 界面中的设计元素(包括使用的图标、图片等)不烦人或分散注意力 (3) 这个界面的颜色很好看 (4) 这个界面组织信息的方式是容易理解的 (5) 这个界面展示吸引我进一步探究这款手表	Zhang 等[282]	0.90
可读性	(1) 我阅读文字时有困难 (2) 屏幕上展示的文字是清晰和可读的	Peng[283]	0.82
易理解性	(1) 界面展示的信息是容易理解的 (2) 界面展示的信息的含义难以理解	Lee 等[284]	0.85
信息充分性	(1) 界面展示的信息量不足以满足我的需要 (2) 界面展示的信息量没有过多 (3) 界面展示的信息量没有过少	Lee 等[284]	0.85
界面满意度	(1) 我喜欢使用这个界面 (2) 这个界面的功能符合我的期待 (3) 整体来说,我对这个界面是满意的	Lewis 等[242]	0.95

6.4 实验结果

6.4.1 任务绩效

对照组界面和 UnitDesign 界面下参试者的任务绩效数据如图 6.4 所示。如果数据呈正态分布,则使用配对 t 检验,否则使用配对的 Wilcoxon 符号秩检验。在搜索时间方面,结果表明,在简单数据条件下,对照组界面与 UnitDesign 界面之间没有显著差异。在丰富数据条件下,使用 UnitDesign 界面($M=7.90$, $SD=2.95$)的搜索时间明显短于对照组界面($M=11.39, SD=4.86, V=213.5, p=0.022$)。两组界面的正确率差异无统计学意义(对照组界面:$M=0.52, SD=0.24$;UnitDesign 界面:$M=0.57, SD=0.24, V=65.5, p=0.242$)。

这表明 UnitDesign 成功地提高了搜索效率,但不能提高老年人的数据理解能力。

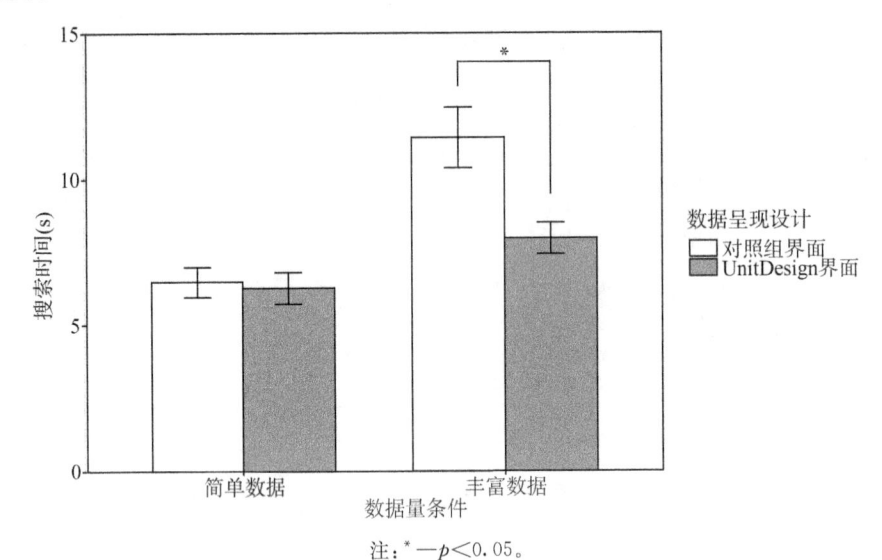

注:*—p<0.05。
图 6.4　对照组界面和 UnitDesign 界面的任务绩效

6.4.2　用户体验评价

参试者在简单和丰富数据两种条件下对两种设计的主观评价比较结果见表 6.5。结果表明,在简单数据条件下,对照组界面和 UnitDesign 界面在信息展示满意度、可读性、易理解性和界面满意度方面没有显著差异。而在丰富数据条件下,与对照组界面相比(信息展示满意度:$M=3.97, SD=0.60$;界面满意度:$M=4.03, SD=0.68$),UnitDesign 界面在信息展示满意度($M=4.20, SD=0.54, t=2.10, p=0.047$)和界面满意度($M=4.33, SD=0.52, t=3.53, p=0.002$)方面得到的评价显著更高。为了更好地理解 UnitDesign 的效果,我们进一步检查了信息展示满意度的 5 个题目。结果显示,UnitDesign 界面在所有项目中都优于对照组界面,但仅在使用图形的充分性方面报告了显著差异(对照组界面:$M=4.00, SD=0.80$;UnitDesign 界面:$M=4.35, SD=0.57, W=40.5, p=0.023$)和视觉元素的吸引力(对照组界面:$M=3.78, SD=0.80$;UnitDesign 界面:$M=4.13, SD=0.63, W=55, p=0.037$),在可读性或易理解性方面没有发现两种界面的显著差异。

表 6.5　UnitDesign 与对照组界面在主观评价上的比较结果

	对照组 M(SD)	UnitDesign M(SD)	t_{22}	p-value	Cohen's d
简单数据条件					
信息展示满意度	4.33(0.63)	4.43(0.61)	1.03	0.316	0.16
可读性	4.46(0.52)	4.41(0.54)	0.53	0.604	0.09
易理解性	4.39(0.66)	4.35(0.79)	−0.23	0.817	−0.05
界面满意度	4.29(0.77)	4.38(0.67)	1.24	0.228	0.12
丰富数据条件					
信息展示满意度	3.97(0.60)	4.20(0.54)	2.10	0.047*	0.40
可读性	4.22(0.71)	4.20(0.60)	0.72	0.477	0.03
易理解性	4.20(0.56)	4.22(0.60)	0.27	0.788	0.03
界面满意度	4.03(0.68)	4.33(0.52)	3.53	0.002**	0.50

注：* 为 $p<0.05$，** 为 $p<0.01$。

我们进一步比较了参试者在两种数据量条件下对 UnitDesign 和对照组界面的信息充分性的看法，结果如表 6.6 所示。在两种数据量条件下，两种设计之间没有发现显著差异。

表 6.6　UnitDesign 与对照组界面在信息充分性上的比较结果

	对照组 M(SD)	UnitDesign M(SD)	t_{22}	p-value	Cohen's d
简单数据条件					
(1) 界面展示的信息量不足以满足我的需要	3.83(1.11)	3.56(1.34)	1.30	0.208	0.22
(2) 界面展示的信息量没有过多	4.26(0.62)	4.39(0.66)	1.37	0.186	0.20
(3) 界面展示的信息量没有过少	4.39(0.72)	4.44(0.79)	0.81	0.426	0.07
丰富数据条件					
(1) 界面展示的信息量不足以满足我的需要	3.65(0.94)	3.78(1.00)	−1.00	0.328	−0.13
(2) 界面展示的信息量没有过多	3.96(0.71)	4.09(0.12)	0.83	0.418	0.26
(3) 界面展示的信息量没有过少	4.00(0.60)	4.08(0.67)	0.62	0.539	0.13

6.4.3 访谈分析结果

本部分通过主题分析来确定参试者对信息显示喜欢和不喜欢的方面。访谈中提到的方面和相应的示例见表 6.7。此外，我们还收集了老年参试者对两种设计（UnitDesign 或对照组）以及两种信息量条件（丰富或简单）的偏好，并探讨了这些偏好背后的原因，为他们的客观行为提供定性证据。

对界面喜欢的方面中，被提及最多的是清晰性。大多数参试者（$N=18$）报告说，他们喜欢清晰的界面。这是由于在一个界面中显示较少的信息和视觉组件会减少信息之间的相互干扰（例如，"我喜欢这个设计。它只包含一个数据，使我很容易找到信息"，P3）。在清晰性之后，有 9 位参试者提到了视觉美感。他们表达了对界面在视觉方面的好感，包括颜色和视觉元素的使用。此外，使用直观的隐喻也得到了许多参试者的赞赏（$N=7$），因为熟悉的符号使他们很容易理解数据所代表的内容。此外，3 名参试者报告了对 UnitDesign 界面中分两步呈现数据的设计的积极评价，因为这使得他们可以选择性地查看第二个界面。

关于不喜欢的方面，参试者主要表达了对难以理解的视觉组件的关注（$N=6$）。这些问题在丰富数据条件下的睡眠时长和血压界面中特别突出，无论是在对照组界面（$N=4$）还是 UnitDesign 界面（$N=2$）。其次是界面中存在过多的信息（$N=4$）。参试者认为，丰富数据条件下的历史数据和锻炼模式数据等并非必要，无论是对照组界面还是 UnitDesign 界面。此外，少数参试者（$N=3$）也对对照组精致的视觉风格表达了负面看法。他们更倾向于简单、直接的视觉风格（例如，"我认为这种风格太花哨了，我更喜欢简洁的视觉风格"，P11）。

表 6.7　参试者汇报的喜欢和不喜欢的方面

主题	示例
喜欢的方面	
清晰性	这个界面的信息和组件很少，这使它看起来很清晰。我喜欢这样
视觉美感	我喜欢这个界面，因为它好看，它的颜色和图案我很喜欢
直观的隐喻	这个直方图表示高压和低压，我觉得很直观
个性化设计	我喜欢这个设计，因为我可以选择是否查看第二个界面。它为我提供了选择
不喜欢的方面	
难以理解	这个图是什么意思？我看不懂

续表

主题	示例
不喜欢的方面	
不必要的信息	我认为这个历史数据没啥必要
设计过于复杂	这看起来太花哨了,我认为不是很有必要

当被问及对这两种设计的偏好时,大多数参试者普遍更喜欢 UnitDesign 界面。在简单数据条件下,12 名参试者更喜欢 UnitDesign 界面,4 名更喜欢对照组界面,其他人认为两组界面相似。参试者选择 UnitDesign 界面的原因包括清晰度($N=8$)、直观的隐喻($N=5$)和视觉美感($N=4$)。有 4 名参试者更喜欢对照组界面,他们认为对照组界面更好看($N=3$)以及使用了直观的隐喻($N=1$)。

UnitDesign 界面的受欢迎程度在丰富数据条件下更加突出。大多数参试者(23 个样本中的 20 个)表示更喜欢 UnitDesign 界面,而只有 2 位参试者更喜欢对照组界面,1 位参试者表示没有偏好。最常被提及的原因是 UnitDesign 界面的清晰性。参试者对 UnitDesign 界面中将主要数据和次要数据分开显示表示赞赏,这使老年参试者能够轻松地访问关键信息,并且最低限度地分散注意力(例如,"我老了,我希望数据在中心字段显示,这些界面满足了我的需求",P19)。一些参试者还赞赏 UnitDesign 界面的直观隐喻($N=8$)和个性化设计($N=3$)。但 1 位参试者说,他喜欢对照组界面将所有数据都显示在一个界面中,因为他不希望在不同界面之间切换。

此外,我们还探讨了参试者对可穿戴设备上显示的信息量的偏好。结果显示,参试者的观点分布较为均匀。略多于一半的参试者($N=13$)更喜欢可穿戴设备呈现丰富的数据。不少参试者($N=9$)表示,他们想要更好地了解自己的健康和身体状况(例如,"我喜欢丰富的信息,它可以帮助我了解我自己",P20),希望获得知识($N=4$),而不仅仅是知道当前的数据(例如,"我想从设备中学习,丰富的数据对我来说更好",P1)。然而,另外一半参试者($N=10$)更喜欢可穿戴设备呈现简单的数据。他们认为只提供基础数据对老年人足够有用(例如,"我认为我们老年人不需要那么多信息。我们的记忆力正在下降,太多的信息对我们来说是一种负担",P7)。其中一些人表示,面对丰富的数据时,他们难以看懂和理解信息(例如,"我无法理解这些图形的含义,所以我不认为更多的数据是有用的",P16)。

6.5 讨论

6.5.1 关键结论

　　研究发现，当应用于丰富数据时，UnitDesign 显著提高了老年人静坐时的搜索效率。对信息展示满意度问卷题目的详细检查结果也表明，与对照组界面使用的元素相比，老年人认为 UnitDesign 界面的设计更加合适，也更加不分散注意力。这主要是由于其对数据的分类和组织，即当数据丰富时，根据数据的重要性区分首要和次要数据，并分两步呈现——首要的数据放在首页，其余次要数据放在下一页。由于老年人注意力和视力的衰退，面对大量信息时他们难以集中注意力，更难以将丰富数据与各自的含义对应起来，甚至可能看不清数据细节。在这样的情况下，UnitDesign 第一页仅展示首要数据，以此确保老年人直接得到该信息，而不会被其他信息分散注意力；第二页呈现其他次要数据，为老年人提供获取更多信息的选择。这样的数据组织引导了老年人的信息处理过程，将丰富数据简化，减少了老年人在复杂的数据堆中寻找和分辨数据的困难，缓解了老年人的视觉和认知负担，从而提升了搜索效率和用户体验。老年人可以选择点击下一页了解详细的、丰富的信息，也可以选择只查看首要信息。访谈结果显示，老年人认可这样的设计给予了他们自由度。Geerts[254]也报告了类似的结果。该研究在移动应用中利用多层设计（即设计一个简化版界面来介绍）来缓解老年人面对复杂信息时的工作记忆需求，实现以逐步的形式向用户介绍应用。该研究发现，大多数老年人更喜欢多层设计，更喜欢分步地、有选择地查看信息。因此，我们建议在向老年人展示丰富的数据时可以考虑按照数据的重要性分步呈现，通过数据呈现设计为老年人提供逐步了解和接收信息的途径，以降低其理解和学习成本。

　　此外，通过采用老年人熟悉的符号，以及使用实心的、封闭的元素等方式，UnitDesign 成功地简化了界面，减少了无关信息和视觉元素的干扰。本章研究结果显示，老年人更欣赏这样重点突出的简洁页面。这与 Ganor 和 Te'eni[76]的研究结果不同。该研究将增加了细节的符号与简单的、没有增加细节的符号相比较，发现增加细节和具象化有助于老年人建立符号和其所代表的内容之间的联系，进而提升任务绩效和用户体验。然而，在可穿戴设备这样狭小的界面上，符号的细节会增加老年人的视觉负担，不利于识别。因此，UnitDesign 使用了那些老年人已经能将其与功能联系起来的符号，并通过实心的色块、封闭的形状、统一的颜色等视觉设计使之更容易从背景中突出，从而被老年人识别。

但在数据丰富时的行走场景中，UnitDesign 界面下用户的任务绩效并没有优于对照组。这可能是因为行走场景中的信息搜索任务过于简单，不需要 UnitDesign 重新组织内容——该任务只要求报告当前的运动时间，而时间的格式与其他数据明显不同，很容易区分。行走情景下的搜索时间（UnitDesign 界面：$M=8.96, SD=11.46$；对照组界面：$M=7.57, SD=5.70$）比静坐场景下的搜索时间（UnitDesign 界面：$M=23.61, SD=8.49$；对照组界面：$M=36.78, SD=18.51$）短得多，也证实了这一点。另一个可能的原因是，运动模式界面没有完全服从 UnitDesign 设计中分两步展示数据的要求，而是使用颜色来突出关键信息，导致避免干扰的效率较低。尽管应用于丰富数据时，UnitDesign 在搜索效率和用户体验方面都取得了良好的效果，但它并没有显著地提升老年人对数据的理解：在两种数据量情况下，无论是在回答的准确性上还是在易理解性的评价上，UnitDesign 都没有明显的优势。这一发现表明 UnitDesign 对提高老年人对复杂信息的理解能力有限。还有一个原因可能是数据本身很难理解：参试者的答题正确率很低（平均约 50%），这表明老年人只能理解一半的界面信息，即使内容是他们熟悉的数据（即血压和心率）。Geerts[254] 和 Tao 等人[271] 也得出了类似的结果。Geerts[254] 发现采用一个简化的介绍页并不能提高老年人的理解程度；Tao 等人[271] 也发现，不同的视觉强化方式，包括添加颜色、颜色/文本和个性化信息，对老年人对信息解释的准确性没有显著影响。但是，当异常值被特别着色时，老年人在解释任务中的绩效以及他们对有用性和易理解性的感知能力会得到提升[73]。类似地，Vorgelegt[204] 报告称，对异常值或线条着色可以缩短任务完成时间。这些结果表明，颜色增强可能有助于信息的查找和定位，但只有当颜色被用作信息编码（如信息的正常状态）时，才会促进理解。

与应用于丰富数据时的良好效果不同，当应用于简单数据时，UnitDesign 的改善效果并不显著。一个比较合理的原因是，当面对简单的数据时，所需的认知和视觉资源是有限的，而老年人有能力处理这些信息。因此，老年人可能不需要 UnitDesign 的帮助。访谈结果证实了这一点，7 名参试者报告在数据简单时他们并没有看到两种设计之间有太大的差异。尽管所有变量的改善都不显著，但多数老年人更喜欢 UnitDesign。这一结果表明，UnitDesign 的美学设计被老年人普遍接受，符合他们的审美倾向。

提高老年人理解能力方面的困难可能是由于理解数据呈现对老年人来说要求过高。理解数据呈现是一个复杂的过程：人们首先感知到视觉特征，如形状和颜色，然后根据注意力对这些特征进行编码，形成他们对信息显示的内部表征。

之后，他们必须应用领域知识来构建视觉特征输入的心理表征[205,252,275]。这些知识包括信息显示中的惯例，如不同颜色的含义、x 轴和 y 轴的含义、图例与图形的匹配等。如果人们的领域知识不完整，就会导致他们难以理解信息显示。这些知识对年轻人来说可能是常识，但对老年人来说却未必如此。由于大多数中国老年人仅为小学及以下学历[60]，他们可能不熟悉信息显示的惯例。我们还发现，即使已经改进了显示以引导老年人的注意力，他们在理解折线或直方图等图表信息以及理解图例和图形之间的匹配方面也遇到了困难。类似地，Tao 等人[271]也发现使用颜色来增强尺度范围（即颜色正常范围为绿色，异常范围为红色）没能显著地改善老年用户的数据理解情况。这些发现均表明，由于老年人欠缺视觉特征与其所代表意义之间的映射的相关知识，可视化对促进老年人数据理解的影响可能有限。

6.5.2 设计建议

研究结果为可穿戴设备设计师提供了以下启示。

第一，应该仔细考虑向老年人提供的信息量。可穿戴设备设计师应该认识到，提供尽可能多的指标可能会吸引年轻用户，但这可能会给老年人使用设备带来困难。在设计要呈现的数据量时，应设计消费者的特征，如知识、能力以及个人偏好等。允许老年用户选择自己喜欢的信息量可能对他们顺利使用设备有所帮助。然而，这样的个性化设置必须足够容易以便老年人使用，或者至少可以方便他们的成年子女使用。像 UnitDesign 那样分两步显示丰富的数据也是值得推荐的，因为它支持老年人自主决定是否查看次要的、辅助的数据。

第二，研究结果建议识别数据的优先级，以帮助设计师决定如何进行数据组织。在呈现丰富的数据时，根据老年人的需求和理解能力来确定数据的重要性，有助于向老年人传递基本价值。在本研究中，实时数据被确定为主要数据，而在实际应用中，主要信息可以是设计者根据领域经验确定的其他数据。

第三，可穿戴设备的从业者和设计者需要意识到通过数据组织强调主要数据的重要性。随着可穿戴设备功能的增加，需要显示的信息量也在增加。然而，老年人可能会对各种信息感到困惑，从而低估了该设备提供的价值。UnitDesign 在促进老年人的表现和认知方面的效果表明，通过信息呈现设计强调关键信息是很重要的。除了 UnitDesign，其他可能的解决方案包括使用文本、动画或个性化信息作为提示来增强关键信息。

第四，建议根据我国老年人的需求和喜好设计视觉元素，使其能够被识别和理解。UnitDesign 使用了简单、简洁的视觉元素，这些元素与它们所代表的信息密切相关。我们的参试者对此给出了良好的反馈。研究者应该进行更详细的研究,以更好地了解老年人,并针对这一用户群体调整界面设计。

第五,当向老年人展示信息时,设计师应该仔细考虑使用哪些视觉特征,以确保老年人能够理解与所使用的特征相关的含义。对于老年人而言,设备使用更具体和直接的格式(如表格和文本)可能更合适,尽管它们在美学上并不尽如人意。另一个可能的解决方案是提供解释性结果(如数据模式:改进、恶化或没有变化),而不是原始数据。这种做法将复杂的数据转化为简单直接的结果,从而降低了理解的难度。

6.6 本章小结

本章针对腕带式可穿戴设备的界面可用性,从老年人的认知和视觉能力衰退出发,提出了针对老年人的腕带式可穿戴设备健康数据呈现设计 UnitDesign,并通过 23 名老年人参与的实验,评测了该设计应用于简单和丰富数据时对老年人任务绩效和主观评价的影响,主要有以下发现。

第一,应用于丰富数据时,UnitDesign 能显著提升静坐时老年人的搜索效率,改善其感知信息呈现的效果和对界面的满意度,受到老年人偏爱。面对众多的数据时,老年人很容易迷失,对数据和其所代表的含义之间的关系感到困惑。在这一情况下,UnitDesign 没有将所有数据展示在同一页中,而是在界面首页仅展示首要数据,将其他数据另外放置。UnitDesign 限制了一页显示的信息数量,减轻了老年人在查看界面时的视觉和认知负担,并让他们可以选择是否查看详细信息。此外,通过使用老年人已经构建好认知的符号以及实心的、封闭的、统一的视觉设计,UnitDesign 设计了简约的视觉界面,满足了他们的认知和审美需求。这一结果说明,当需要给老年人展示较多的数据时,设计者可以参考 UnitDesign 来调整界面设计,以适应老年人的需要。

第二,当应用于简单数据时,UnitDesign 的效果并不显著,但依然比对照组界面更受老年人偏爱。由于数据非常简单,老年人在找到数据和将数据与其含义对应起来方面感受到的难度不高。但是,出于对简洁风格和直观符号设计的喜爱,UnitDesign 界面依旧更受老年人欢迎。结合第一个发现可以得知,UnitDesign 更适合应用于数据丰富的情况。

第7章

结语

7.1 主要结论

本书通过现场的深度访谈和追踪研究，探究在老年人使用腕带式可穿戴设备的不同阶段中，影响其采纳意愿的重要因素，以及他们的使用行为和用户体验的变化过程。然后，从穿戴舒适性和界面可用性这两个关键因素入手，探究提升老年人用户体验的方法。针对穿戴舒适性，本书建立了腕带式可穿戴设备的穿戴舒适性评测工具，分析了穿戴舒适性维度在日常和运动场景中对于老年人和年轻人的重要性，以及老年人和年轻人在不同表带材质下的压力舒适-不适范围。针对界面可用性，本书考虑了导航和数据呈现两方面，探究了对老年人友好的腕带式可穿戴设备导航设计，比较了不同导航设计对拥有不同使用经验的老年人和年轻人的影响，以及对老年人友好的腕带式可穿戴设备健康数据呈现设计，评估了该设计在应用于简单和丰富数据时对提升老年人用户体验的效果。本书的主要研究结果如下。

第一，在不同的使用阶段，老年人腕带式可穿戴设备采纳意愿的影响因素以及使用行为和用户体验都在变化，设备在老年人心目中扮演的角色也在发生改变。初次使用时，易用性和健康数据监测可供性影响老年人的采纳意愿；使用早期，易用性和可信度影响老年人的采纳意愿和使用频率；持续使用阶段，穿戴舒适性和健康数据监测可供性影响老年人的采纳意愿和使用频率。初次使用时，老年人面对大量的可用性问题，但他们依旧对健康数据监测可供性抱有极高的期待，并希望可穿戴设备成为个人健康监控的有效工具。然而，通过真实的使用体验，老年人发现健康数据监测功能（如心率）并不能完全满足他们的期待。但与此同时，他们又发现了通知接收和便携生活工具可供性的益处，因此提升了对这两项可供性的重要性评价。此时，腕带式可穿戴设备逐渐被认为是智能手机的辅助和补充。尽管如此，健康数据监测始终是重要的可供性。本书为分阶段地支持和鼓励老年人使用腕带式可穿戴设备提供了针对性的建议，并强调了穿戴舒适性和界面可用性的重要性。

第二，本书针对腕带式可穿戴设备的穿戴舒适性，提出并验证了腕带式可穿戴设备的穿戴舒适性评测工具，并分析了老年人和年轻人在3种表带材质下（即氟胶、硅胶和真皮）的压力舒适-不适范围。在评测工具方面，本书建立并验证了腕带式可穿戴设备穿戴舒适性的3个维度，即动作舒适、接触舒适和温湿舒适。这3个维度分别阐述了穿戴舒适性的不同方面，可以为之后的腕带式可穿戴设备评测研究提供参考，也有助于可穿戴设备从业者采取针对性的改善措施。在日常和运动场景下,老年人和年轻人对腕带式可穿戴设备穿戴舒适性维度的评价不同,各维度的重要性也不同。对于老年人,日常场景下动作舒适更重要,而温湿舒适则是运动场景下的重要维度;对于年轻人,在日常和运动场景中,动作舒适都是最为重要的穿戴舒适性维度。对于舒适-不适范围,老年人的舒适-不适压力范围为 7.21~32.02 kPa,年轻人的舒适-不适压力范围为 6.76~21.54 kPa。当表带为硅胶材料时,老年人的舒适-不适压力范围下限和上限均高于年轻人,但表带材质对压力舒适-不适范围的影响并不显著。

第三,本书针对腕带式可穿戴设备的界面可用性,从老年人的心智模型出发,探究如何设计腕带式可穿戴设备的导航以提升老年人的用户体验。卡片分类结果显示,老年人主要根据两种思路来分类腕带式可穿戴设备功能,即按照功能的可供性和功能与熟悉事物的关联性来分类。验证实验结果显示,老年人偏爱分类的导航方式,且基于熟悉事物分类的导航设计能提升有设备使用经验的老年人的任务绩效,也更受他们偏爱。而年轻人在分类的导航设计下的任务绩效、易用性和满意度评价均显著高于不分类的导航设计,且无使用经验的年轻人对基于熟悉事物分类的导航方式的易用性评价更高。

第四,本书针对腕带式可穿戴设备的界面可用性,从老年人的认知和视觉衰退出发,提出了针对老年人的可穿戴设备健康数据呈现设计 UnitDesign,并通过实验验证了该设计应用于丰富数据时,对老年人的搜索效率、信息展示满意度和界面满意度上的改进效果。大多数老年人也对该设计表示偏爱。通过在首页只展示关键数据,其余数据放在第二页的设计,UnitDesign 控制了一次呈现给老年人的数据量,简化了老年人处理丰富数据信息的过程,并为老年人提供是否查看更多数据的选择。通过符号设计和视觉设计,UnitDesign 构建了简约的视觉界面,满足了老年人的认知和审美需求。

7.2 启示与展望

本书旨在研究老年人腕带式可穿戴设备的采纳意愿、舒适性,以及探究在不同使用阶段,影响中国老年人腕带式可穿戴设备采纳意愿的重要因素,并从评测工具和压力舒适-不适范围入手研究穿戴舒适性,考虑导航设计和健康数据呈现以改进界面可用性。本书存在一定的局限,后续的研究可以从以下几个方面展开。

第一,本书研究中的参试者偏向于受过教育、有足够社会支持的人群,且女性较多;研究探索了初次使用和实际使用中不同阶段老年人采纳意愿影响因素的变化。该参试者群体对新技术更感兴趣,很有可能是老年人群体中较早接纳新技术、新产品的人。对这一特定群体的样本展开调查可以为针对老年人的可穿戴设备设计提供有价值的信息。同时,本书也期待未来的研究能招募数量更多、背景更多样的参试者,以及考虑采纳更多阶段,能更全面地了解老年人,验证和拓展本书的研究结果。

第二,本书基于真实的腕带式可穿戴设备开展压力舒适研究,给腕带式可穿戴设备的设计提供了有实践意义的建议,但并未探究除年龄和表带材质外其他因素的影响。期待未来可以进一步拓展腕带式可穿戴设备的压力舒适或不适范围研究,可能的方向包括通过改进现有设备提升压力数据测量的恒定性;进一步探究除表带材质外的其他产品设计要素(如表盘尺寸等)对压力舒适阈值的影响;探究用户性别对压力舒适阈值的影响等。

第三,本书从老年人的心智模型出发,比较了3种导航设计对老年人和年轻人任务绩效和用户体验的影响,同时从老年人的视觉和认知衰退出发,提出并验证了对老年人友好的健康数据呈现设计应用于丰富数据时的效果。未来的研究可以考虑开展长期研究,以了解界面设计的长期效果;或考虑设备与智能手机的互联,探索不同品牌生态下界面设计对老年人的影响。

第四,本研究通过第3章得到影响老年人腕带式可穿戴设备采纳意愿的影响因素后,又通过第4章至第6章,从设计端入手,探究提升老年人用户体验和采纳意愿的途径,因此得到的实践启示较多。期待未来的研究更多地从理论出发,为腕带式可穿戴设备的适老化研究提供更多理论上的建议。

参考文献

[1] NATIONAL BUREAU OF STATISTICS OF THE PEOPLE'S REPUBLIC OF CHINA. China statistical yearbook[M]. Beijing:China Statistics Press,2021.

[2] WORLD HEALTH ORGANIZATION. World report on ageing and health[R]. Geneva:World Health Organization,2015.

[3] IDC. IDC forecasts worldwide shipments of wearables to surpass 200 million in 2019, driven by strong smartwatch growth[R/OL]. [2024-05-10]. https://www.businesswire.com/news/home/20160317005136/en/IDC-Forecasts-Worldwide-Shipments-of-Wearables-to-Surpass-200-Million-in-2019-Driven-by-Strong-Smartwatch-Growth-and-the-Emergence-of-Smarter-Watches#:~:text=Shipments%20of%20wearable%20devices%20will%20surpass%20200%20million,the%20proliferation%20of%20new%20and%20different%20wearable%20products.

[4] ATTIG C,FRANKE T. Abandonment of personal quantification a review and empirical study investigating reasons for wearable activity tracking attrition[J]. Computers in Human Behavior,2020,102:223-237.

[5] WRIGHT R,KEITH L. Wearable technology:if the tech fits,wear it[J]. Journal of Electronic Resources in Medical Libraries,2014,11(4):204-216.

[6] SHIN G,JARRAHI M H,FEI Y,et al. Wearable activity trackers,accuracy,adoption,acceptance and health impact:a systematic literature review[J]. Journal of Biomedical Informatics,2019,93:103153.

[7] WANG Z H,YANG Z C,DONG T. A review of wearable technologies for elderly care that can accurately track indoor position,recognize physical activities and monitor vital signs in real time[J]. Sensors,2017,17(2):341.

[8] LIU L,PENG Y X,LIU M,et al. Sensor-based human activity recognition system with a multilayered model using time series shapelets[J]. Knowledge-Based Systems,2015,90:138-152.

[9] PARK E,KIM K J,KWON S J. Understanding the emergence of wearable devices as next-generation tools for health communication[J]. Information Technology & People,

2016,29(4):527-541.

[10] DAIM T U, BREM A. A bibliometric review of wearable technologies[M]//Managing medical technological innovations exploring multiple perspectives. New Jersey: World Scientific,2020:3-34.

[11] LI J D,MA Q,CHAN A H,et al. Health monitoring through wearable technologies for older adults:Smart wearables acceptance model[J]. Applied Ergonomics,2019,75:162-169.

[12] NIKNEJAD N,ISMAIL W B,MARDANI A,et al. A comprehensive overview of smart wearables:the state of the art literature, recent advances, and future challenges[J]. Engineering Applications of Artificial Intelligence,2020,90:103529.

[13] LEDGER D,MCCAFFREY D. Inside wearables: how the science of human behavior change offers the secret to long-term engagement[J]. Endeavour Partners, 2014, 200(93):1.

[14] AMERICAN ASSOCIATION OF RETIRED PERSONS. Building a better tracker: older consumers weigh in on activity and sleep monitoring devices[EB/OL]. (2019-03-08)[2024-05-06]. https://www.aarp.org/pri/topics/health/prevention-wellness/activity-sleep-trackers-older-consumers/.

[15] WU L H,WU L C,CHANG S C. Exploring consumers' intention to accept smartwatch [J]. Computers in Human Behavior,2016,64:383-392.

[16] HSIAO K L,CHEN C C. What drives smartwatch purchase intention? Perspectives from hardware,software,design, and value[J]. Telematics and Informatics, 2018, 35(1):103-113.

[17] GAO Y W,LI H,LUO Y. An empirical study of wearable technology acceptance in healthcare[J]. Industrial Management & Data Systems,2015,115(9):1704-1723.

[18] HONG J C,LIN P H,HSIEH P C. The effect of consumer innovativeness on perceived value and continuance intention to use smartwatch[J]. Computers in Human Behavior, 2017,67:264-272.

[19] CHUAH S H W,RAUSCHNABEL P A,KREY N,et al. Wearable technologies: the role of usefulness and visibility in smartwatch adoption[J]. Computers in Human Behavior,2016,65:276-284.

[20] DEHGHANI M,KIM K J. The effects of design,size,and uniqueness of smartwatches: perspectives from current versus potential users [J]. Behaviour & Information Technology,2019,38(11):1143-1153.

[21] CHOI J,KIM S. Is the smartwatch an IT product or a fashion product? A study on factors affecting the intention to use smartwatches[J]. Computers in Human Behavior, 2016,63:777-786.

[22] PAL D, FUNILKUL S, VANIJJA V. The future of smartwatches: assessing the end-users' continuous usage using an extended expectation-confirmation model[J]. Universal Access in the Information Society, 2020, 19(2): 261-281.

[23] PARK E. User acceptance of smart wearable devices: an expectation-confirmation model approach[J]. Telematics and Informatics, 2020, 47: 101318.

[24] YANG H, YU J, ZO H, et al. User acceptance of wearable devices: an extended perspective of perceived value[J]. Telematics and Informatics, 2016, 33(2): 256-269.

[25] HWANG C, CHUNG T L, SANDERS E A. Attitudes and purchase intentions for smart clothing: examining US consumers' functional, expressive, and aesthetic needs for solar-powered clothing[J]. Clothing and Textiles Research Journal, 2016, 34(3): 207-222.

[26] DEHGHANI M, DANGELICO R M, KIM K J. Will smartwatches last? Factors contributing to intention to keep using smart wearable technology[J]. Telematics and Informatics, 2018, 35(2): 480-490.

[27] ARNING K, ZIEFLE M, ARNING J. Comparing apples and oranges? Exploring users' acceptance of ICT-and eHealth-applications[J]. Digital Camera, 2008, 83(50): 0-01.

[28] BUCKNER R L. Memory and executive function in aging and AD: multiple factors that cause decline and reserve factors that compensate[J]. Neuron, 2004, 44(1): 195-208.

[29] PERSSON J, NYBERG L. Altered brain activity in healthy seniors: what does it mean?[J]. Progress in Brain Research, 2006, 157: 45-56.

[30] SUN F, NORMAN I J, WHILE A E. Physical activity in older people: a systematic review[J]. BMC Public Health, 2013, 13(1): 1-17.

[31] FARINA N, LOWRY R G. The validity of consumer-level activity monitors in healthy older adults in free-living conditions[J]. Journal of Aging and Physical Activity, 2018, 26(1): 128-135.

[32] HART J, SUTCLIFFE A. Is it all about the Apps or the Device?: user experience and technology acceptance among iPad users[J]. International Journal of Human-Computer Studies, 2019, 130: 93-112.

[33] LI J D, MA Q, CHAN A H, et al. Health monitoring through wearable technologies for older adults: smart wearables acceptance model[J]. Applied Ergonomics, 2019, 75: 162-169.

[34] KEOGH A, DORN J F, WALSH L, et al. Comparing the usability and acceptability of wearable sensors among older irish adults in a real-world context: observational study[J]. JMIR mHealth and uHealth, 2020, 8(4): e15704.

[35] KONONOVA A, LI L, KAMP K, et al. The use of wearable activity trackers among older adults: focus group study of tracker perceptions, motivators, and barriers in the

maintenance stage of behavior change[J]. JMIR mHealth and uHealth, 2019, 7(4):e9832.

[36] SCHLOMANN A. A case study on older adults' long-term use of an activity tracker[J]. Gerontechnology,2017,16(2):115-124.

[37] ABOUZAHRA M,GHASEMAGHAEI M. The antecedents and results of seniors' use of activity tracking wearable devices[J]. Health Policy and Technology,2020,9(2):213-217.

[38] IDC. Worldwide wearables market forecast to reach 45.7 million units shipped in 2015 and 126.1 million units in 2019[Press release][R/OL]. (2015-03-30)[2024-05-06]. https://www.businesswire.com/news/home/20150330005182/en/Worldwide-Wearables-MarKet-Forecast-Reach-45.7-Million.

[39] STEINERT A, HAESNER M, STEINHAGEN-THIESSEN E. Activity-tracking devices for older adults: comparison and preferences[J]. Universal Access in the Information Society,2018,17(2):411-419.

[40] LI L,PENG W,KAMP K,et al. Poster:Understanding long-term adoption of wearable activity trackers among older adults[C]//Proceedings of the 2017 Workshop on Wearable Systems and Applications. Niagara Falls,NY,USA,2017:33-34.

[41] MERCER K,GIANGREGORIO L,SCHNEIDER E,et al. Acceptance of commercially available wearable activity trackers among adults aged over 50 and with chronic illness: a mixed-methods evaluation[J]. JMIR mHealth and uHealth,2016,4(1):e7.

[42] PREUSSE K C, MITZNER T L, FAUSSET C B, et al. Older adults' acceptance of activity trackers[J]. Journal of Applied Gerontology,2017,36(2):127-155.

[43] FOZARD J L. Vision and hearing in aging[M]//Handbook of Mental Health and Aging. San Diego,CA:Academic Press,1990:150-170.

[44] BOUSTANI S. Designing touch-based interfaces for the elderly[D]. Sydney:School of Electrical Engineering,2010.

[45] KURNIAWAN S H,KING A,EVANS D G,et al. Personalising web page presentation for older people[J]. Interacting with Computers,2006,18(3):457-477.

[46] CHENG C, PARRENO J, NOWAK R B, et al. Age-related changes in eye lens biomechanics,morphology,refractive index and transparency[J]. Aging (Albany NY),2019,11(24):12497.

[47] CAPITANI E,DELLA S S,LUCCHELLI F,et al. Perceptual attention in aging and dementia measured by Gottschaldt's hidden figures test[J]. Journal of Gerontology: Psychological Sciences,1988,43:157-163.

[48] FRAZIER L, HOYER W J. Object recognition by component features[J]. Experimental Aging Research,1992,18:9-15.

［49］FARAGE M A,MILLER K W,AJAYI F,et al. Design principles to accommodate older adults[J]. Global Journal of Health Science,2012,4(2):2-25.

［50］FISK A D,ROGERS W A,CHARNESS N,et al. Designing for older adults:principles and creative human factors approaches[M]. 2nd ed. Boca Raton,FL:CRC Press,2009.

［51］HAWTHORN D. Possible implications of aging for interface design[J]. Interacting with Computers,1999,12(5):507-528.

［52］HOWARD J H,HOWARD D V. Learning and memory[M]//Handbook of Human Factors and the Older Adult. New York:Academic Press,1996.

［53］VERCRUYSSEN M. Movement control and the speed of behavior[M]//Handbook of Human Factors and the Older Adult. San Diego,CA:Academic Press,1996.

［54］BORS D A, FORRIN B. Age, speed of information processing, recall, and fluid intelligence[J]. Intelligence,1995,20(3):229-248.

［55］SALTHOUSE T A, MITCHELL D R. Effects of age and naturally occurring experience on spatial visualization performance[J]. Developmental Psychology,1990,26(5):845.

［56］CZAJA S J,BOOT W R,CHARNESS N,et al. Designing for older adults:principles and creative human factors approaches [M]. 3rd ed. Boca Raton: CRC Press Boca Patoll,2019.

［57］MACKENZIE P. Normal changes of ageing[J]. InnovAiT,2012,5(10):605-613.

［58］BENBASSAT J, PILPEL D, TIDHAR M. Patients' preferences for participation in clinical decision making:a review of published surveys[J]. Behavioral Medicine,1998,24(2):81-88.

［59］JENKINS V,FALLOWFIELD L,SAUL J. Information needs of patients with cancer: results from a large study in UK cancer centres[J]. British Journal of Cancer,2001,84(1):48-51.

［60］GERST-EMERSON K,JAYAWARDHANA J. Loneliness as a public health issue:the impact of loneliness on health care utilization among older adults[J]. American Journal of Public Health,2015,105(5):1013-1019.

［61］COYLE C E,DUGAN E. Social isolation,loneliness and health among older adults[J]. Journal of Aging and Health,2012,24(8):1346-1363.

［62］KEMPERMAN A,BERG P,WEIJS-PERRÉE M,et al. Loneliness of older adults:social network and the living environment [J]. International Journal of Environmental Research and Public Health,2019,16(3):406.

［63］ONG A D,UCHINO B N,WETHINGTON E. Loneliness and health in older adults:a mini-review and synthesis[J]. Gerontology,2016,62(4):443-449.

［64］PRENSKY M. Digital natives, digital immigrants part 2: do they really think differently?[J]. On the Horizon,2001,9(6):1-6.

[65] CASTILLA D,GARCIA-PALACIOS A,BRETON-LOPEZ J,et al. Process of design and usability evaluation of a telepsychology web and virtual reality system for the elderly:butler[J]. International Journal of Human-Computer Studies,2013,71(3):350-362.

[66] GRINDROD K A,LI M,GATES A. Evaluating user perceptions of mobile medication management applications with older adults:a usability study[J]. JMIR mHealth and uHealth,2014,2(1):e3048.

[67] CORREA T,HINSLEY A W,DE ZUNIGA H G. Who interacts on the Web?:the intersection of users' personality and social media use[J]. Computers in Human Behavior,2010,26(2):247-253.

[68] WILDENBOS G A,JASPERS M W,SCHIJVEN M P,et al. Mobile health for older adult patients:using an aging barriers framework to classify usability problems[J]. International Journal of Medical Informatics,2019,124:68-77.

[69] ZIEFLE M,BAY S. Mental models of a cellular phone menu. Comparing older and younger novice users[C]//International Conference on Mobile Human-Computer Interaction. Springer,Berlin,Heidelberg,2004:25-37.

[70] HUANG J C,ZHOU J,WANG H L. Older adults' usage of web pages:investigating effects of information structure on performance[C]//International Conference on Human Aspects of IT for the Aged Population. Springer,Cham,2015:337-346.

[71] NGUYEN M H,WEERT J,BOL N,et al. Tailoring the mode of information presentation:effects on younger and older adults' attention and recall of online information[J]. Human Communication Research,2017,43:102-126.

[72] NGUYEN M H,SMETS E M A,BOL N,et al. How tailoring the mode of information presentation influences younger and older adults' satisfaction with health websites[J]. Journal of Health Communication,2018,23(2):170-180.

[73] TAO D,YUAN J,QU X D. Effects of presentation formats on consumers' performance and perceptions in the use of personal health records among older and young adults[J]. Patient Education and Counseling,2019,102(3):578-585.

[74] CHIN J,MOELLER D D,JOHNSON J,et al. A multi-faceted approach to promote comprehension of online health information among older adults[J]. The Gerontologist,2018,58(4):686-695.

[75] LEUNG R,MCGRENERE J,GRAF P. Age-related differences in the initial usability of mobile device icons[J]. Behaviour & Information Technology,2011,30(5):629-642.

[76] GANOR N,TE'ENI D. Designing interfaces for older users:effects of icon detail and semantic distance[J]. AIS Transactions on Human-Computer Interaction,2016,8(1):

22-38.

[77] TANG H H, KAO S A. Understanding the user model of the elderly people while using mobile phones[C]//HCII' 05. Las Vegas, Ceasars Palace, 2005:21-28.

[78] FANG Y M, CHUN L, CHU B C. Older adults' usability and emotional reactions toward text, diagram, image, and animation interfaces for displaying health information [J]. Applied Sciences, 2019,9(6):1058-1078.

[79] LEE C, COUGHLIN J F. PERSPECTIVE: Older adults' adoption of technology: an integrated approach to identifying determinants and barriers[J]. Journal of Product Innovation Management, 2015,32(5):747-759.

[80] DAVIS F D. Perceived usefulness, perceived ease of use, and user acceptance of information technology[J]. MIS Quarterly, 1989,13(3):319-340.

[81] VENKATESH V, MORRIS M G, DAVIS G B, et al. User acceptance of information technology: toward a unified view[J]. MIS Quarterly, 2003,27(3):425-478.

[82] VENKATESH V, THONG J Y, XU X. Consumer acceptance and use of information technology: extending the unified theory of acceptance and use of technology[J]. MIS Quarterly, 2012,36(1):157-178.

[83] HUH Y E, KIM S H. Do early adopters upgrade early? Role of post-adoption behavior in the purchase of next-generation products[J]. Journal of Business Research, 2008, 61(1):40-46.

[84] LANZOLLA V R, MAYHORN C B. The usability of personal digital assistants as prospective memory aids for medication adherence in young and older adults[C]// Proceedings of the Human Factors and Ergonomics Society Annual Meeting. Los Angeles, CA: SAGE Publications, 2004:258-261.

[85] RUPP M A, MICHAELIS J R, MCCONNELL D S, et al. The role of individual differences on perceptions of wearable fitness device trust, usability, and motivational impact[J]. Applied Ergonomics, 2018,70:77-87.

[86] CHAPPELL N L, ZIMMER Z. Receptivity to new technology among older adults[J]. Disability and Rehabilitation, 1999,21(5-6):222-230.

[87] ROSE J, FOGARTY G J. Determinants of perceived usefulness and perceived ease of use in the technology acceptance model: senior consumers' adoption of self-service banking technologies[C]//Proceedings of the 2nd Biennial Conference of the Academy of World Business, Marketing and Management Development: Business Across Borders in the 21st Century. 2006:122-129.

[88] CHEN K, CHAN A H. Predictors of gerontechnology acceptance by older Hong Kong Chinese[J]. Technovation, 2014,34(2):126-135.

[89] NIEHAVES B, PLATTFAUT R. Internet adoption by the elderly: employing IS

technology acceptance theories for understanding the age-related digital divide[J]. European Journal of Information Systems,2014,23(6):708-726.

[90] TALUKDER M S, SORWAR G, BAO Y, et al. Predicting antecedents of wearable healthcare technology acceptance by elderly: a combined SEM-Neural Network approach[J]. Technological Forecasting and Social Change,2020,150:119793.

[91] WANG L, RAU P L, SALVENDY G. A cross-culture study on older adults' information technology acceptance [J]. International Journal of Mobile Communications,2011,9(5):421-440.

[92] GUNER H, ACARTURK A C. The use and acceptance of ICT by senior citizens: a comparison of technology acceptance model (TAM) for elderly and young adults[J]. Universal Access in the Information Society,2020,19(2):311-330.

[93] CHENG J W, MITOMO H. The underlying factors of the perceived usefulness of using smart wearable devices for disaster applications[J]. Telematics and Informatics,2017, 34(2):528-539.

[94] CICEK M. Wearable technologies and its future applications[J]. International Journal of Electrical,Electronics and Data Communication,2015,3(4):45-50.

[95] BAIG M M, AFIFI S, GHOLAMHOSSEINI H, et al. A systematic review of wearable sensors and IoT-based monitoring applications for older adults-a focus on ageing population and independent living[J]. Journal of Medical Systems,2019,43(8):1-11.

[96] HEDGE N, SAZONOV E. Smartstep:a fully integrated, low-power insole monitor[J]. Electronics,2014,3(2):381-397.

[97] YACCHIREMA D, DE PUGA J S, PALAU C, et al. Fall detection system for elderly people using IoT and ensemble machine learning algorithm [J]. Personal and Ubiquitous Computing,2019,23(5):801-817.

[98] WU M, LUO J. Wearable technology applications in healthcare: a literature review[J]. Online Journal of Nursing Informatics,2019,23(3).

[99] MCCRINDLE R J, WILLIAMS V M, VICTOR C R, et al. Wearable device to assist independent living[J]. International Journal on Disability and Human Development, 2011,10(4):1-10.

[100] KRUSE C S, MILESKI M, MORENO J. Mobile health solutions for the aging population:a systematic narrative analysis[J]. Journal of Telemedicine and Telecare, 2017,23(4):439-451.

[101] CANHOTO A I, ARP S. Exploring the factors that support adoption and sustained use of health and fitness wearables[J]. Journal of Marketing Management,2017,33(1-2): 32-60.

[102] ADAPA A, NAH F F H, HALL R H, et al. Factors influencing the adoption of smart

wearable devices[J]. International Journal of Human-Computer Interaction, 2018, 34 (5):399-409.

[103] KIM K J, SHIN D H. An acceptance model for smart watches: implications for the adoption of future wearable technology[J]. Internet Research, 2015, 25:527-541.

[104] GOODYEAR V A, ARMOUR K M, WOOD H. Young people learning about health: the role of apps and wearable devices[J]. Learning, Media and Technology, 2019, 44 (2):193-210.

[105] GU Z, WEI J, XU F. An empirical study on factors influencing consumers' initial trust in wearable commerce[J]. Journal of Computer Information Systems, 2016, 56(1): 79-85.

[106] KO E, SUNG H, YUN H. Comparative analysis of purchase intentions toward smart clothing between Korean and US consumers[J]. Clothing and Textiles Research Journal, 2009, 27(4):259-273.

[107] NASIR S, YURDER Y. Consumers' and physicians' perceptions about high tech wearable health products[J]. Procedia - Social and Behavioral Sciences, 2015, 195:1261-1267.

[108] KWEE-MEIER S T, BÜTZLER J E, SCHLICK C. Development and validation of a technology acceptance model for safety-enhancing, wearable locating systems[J]. Behaviour and Information Technology, 2016, 35(5):394-409.

[109] KALANTARI M. Consumers' adoption of wearable technologies: literature review, synthesis, and future research agenda[J]. International Journal of Technology Marketing, 2017, 12(3):274-307.

[110] SCHAAR A K, ZIEFLE M. Smart clothing: perceived benefits vs. perceived fears [C]//2011 5th International Conference on Pervasive Computing Technologies for Healthcare (Pervasive Health). 2011:601-608.

[111] DUTOT V, BHATIASEVI V, BELLALLAHOM N. Applying the technology acceptance model in a three-countries study of smartwatch adoption[J]. The Journal of High Technology Management Research, 2019, 30(1):1-14.

[112] ARVANITIS T N, WILLIAMS D D, KNIGHT J F, et al. A human factors study of technology acceptance of a prototype mobile augmented reality system for science education[J]. Advanced Science Letters, 2011, 4(11-12):3342-3352.

[113] HWANG C G. Consumers' acceptance of wearable technology: examining solar-powered clothing[D]. Ames, Iowa: Iowa State University, 2014.

[114] ATTIG C, FRANKE T. Abandonment of personal quantification: a review and empirical study investigating reasons for wearable activity tracking attrition[J]. Computers in Human Behavior, 2020(102):223-237.

[115] HSIAO K L. What drives smartwatch adoption intention? Comparing Apple and non-Apple watches[J]. Library Hi Tech,2017,35(1):186-206.

[116] DEHGHANI M. Exploring the motivational factors on continuous usage intention of smartwatches among actual users[J]. Behaviour & Information Technology,2018, 37(2):145-158.

[117] ZHOU J,ZHOU M Y. Research on influencing factors of elderly wearable device use behavior based on TAM model[C]//International Conference on Human-Computer Interaction. Springer,Cham,2021:305-320.

[118] JANG Y K. Determinants of users' intention to adopt mobile fitness applications: an extended technology acceptance model approach[D]. Albuquerque, New Mexico: The University of New Mexico,2014.

[119] NOV O,YE C. Personality and technology acceptance: personal innovativeness in IT, openness and resistance to change[C]//Hawaii International Conference on System Sciences,Proceedings of the 41st Annual. 2008.

[120] SUNDAR S S,TAMUL D J,WU M. Capturing "cool": measures for assessing coolness of technological products[J]. International Journal of Human-Computer Studies,2014, 72(2):169-180.

[121] DEHGHANI M. An assessment towards adoption and diffusion of smart wearable technologies by consumers: the cases of smart watch and fitness wristband products [C]//ACM Conference on Hypertext & Social Media. 2016:1-6.

[122] EHMEN H, HAESNER M, STEINKE I, et al. Comparison of four different mobile devices for measuring heart rate and ECG with respect to aspects of usability and acceptance by older people[J]. Applied Ergonomics,2012,43:582-587.

[123] LI L,PENG W,KONONOVA A,et al. Factors associated with older adults' long-term use of wearable activity trackers[J]. Telemedicine and e-Health,2020,26(6):769-775.

[124] RASCHE P,WILLE M,THEIS S,et al. Activity tracker and elderly[C]//2005 IEEE International Conference on Dependable, Autonomic and Secure Computing, International Conference on Pervasive Intelligence and Computing. IEEE, 2005: 1411-1416.

[125] FARINA N,LOWRY R G. Older adults' satisfaction of wearing consumer-level activity monitors[J]. Journal of Rehabilitation and Assistive Technologies Engineering,2017, 4:1-6.

[126] PURI A, KIM B, NGUYEN O, et al. User acceptance of wrist-worn activity trackers among community-dwelling older adults: mixed method study[J]. JMIR mHealth and uHealth,2017,5(11):e8211.

[127] MCMAHON S K, LEWIS B, OAKES M, et al. Older adults' experiences using a

commercially available monitor to self-track their physical activity[J]. JMIR mHealth and uHealth,2016,4(2):e5120.

[128] LEE B C,XIE J,AJISAFE T,et al. How are wearable activity trackers adopted in older adults? Comparison between subjective adoption attitudes and physical activity performance[J]. International Journal of Environmental Research and Public Health, 2020,17(10):3461.

[129] GIBSON J J. The ecological approach to perception[M]. Hillsdale, NJ: Lawrence Earlbaum,1986.

[130] NORMAN D A. The psychology of everyday things [M]. New York: Basic Books,1988.

[131] HUTCHBY I. Technologies, texts and affordances[J]. Sociology,2001,35(2):441-456.

[132] LEONARDI P. When flexible routines meet flexible technologies: affordance, constraint,and the imbrication of human and material agencies[J]. MIS Quarterly, 2011,35(1):147-167.

[133] MARKUS M L,SILVER M S. A foundation for the study of IT effects:a new look at DeSanctis and Poole's concepts of structural features and spirit[J]. Journal of the Association for Information Systems,2008,9(10/11):609-632.

[134] VYAS D,CHISALITA C,DIX A. Organizational affordances: a structuration theory approach to affordances[J]. Interacting with Computers,2017,29(2):117-131.

[135] KAPTELININ V,NARDI B. Affordances in HCI: toward a mediated action perspective [C]//CHI '12 Proceedings of the SIGCHI Conference on Human Factors in Computing Systems. Austin,TX:ACM,2012.

[136] NARDI B A. Studying context: a comparison of activity theory, situated action models, and distributed cognition[M]//NARDI B A. Context and consciousness: activity theory and human-computer interaction. Cambridge,MA:MIT Press,1996:69-102.

[137] KARAHANNA E,XU S X,XU Y,et al. The needs-affordances-features perspective for the use of social media[J]. MIS Quarterly,2018,42(3):737-756.

[138] ANDERSON C, ROBEY D. Affordance potency: explaining the actualization of technology affordances[J]. Information and Organization,2017,27(2):100-115.

[139] JIAO Z, CHEN J, KIM E. Modeling the use of online knowledge community: a perspective of needs-affordances-features [J]. Computational Intelligence and Neuroscience,2021:1-16.

[140] BENBUNAN-FICH R. An affordance lens for wearable information systems[J]. European Journal of Information Systems,2019,28(3):256-271.

[141] JAMES T L,DEANE J K,WALLACE L. An application of goal content theory to

[142] BOWER M, STURMAN D. What are the educational affordances of wearable technologies? [J]. Computers & Education, 2015, 88: 343-353.

[143] RAPP A, CENA F. Affordances for self-tracking wearable devices[C]//Proceedings of the 2015 Acm International Symposium on Wearable Computers. 2015: 141-142.

[144] TADESSE M G, HARPA R, CHEN Y, et al. Assessing the comfort of functional fabrics for smart clothing using subjective evaluation[J]. Journal of Industrial Textiles, 2019, 48(8): 1310-1326.

[145] WANG X, JIANG Z, GAO Q. Review and appraisal of approaches to assess comfort of wearable devices[C]//ShuiChi Fukuda(eds). Affective and Pleasurable Design. AHFE (2024), 2024: 131-141.

[146] XU L, PAN C, XU B, et al. A qualitative exploration of a user-centered model for smartwatch comfort using grounded theory[J]. International Journal of Human-Computer Interaction, 2024: 1-16.

[147] AREIA C, YOUNG L, VOLLAM S, et al. Wearability testing of ambulatory vital sign monitoring devices: prospective observational cohort study[J]. JMIR mHealth and uHealth, 2020, 8(12): e20214.

[148] KIM Y M, BAHN S, YUN M H. Wearing comfort and perceived heaviness of smart glasses[J]. Human Factors and Ergonomics in Manufacturing & Service Industries, 2021, 31(5): 484-495.

[149] SONG H, SHIN G W, YOON Y, et al. The effects of ear dimensions and product attributes on the wearing comfort of wireless earphones[J]. Applied Sciences, 2020, 10(24): 8890.

[150] JU Y, WANG H, DU Y, et al. Pressure sensitivity mapping of the head region for Chinese adults for AR glasses design[C/OL]//International Conference on Human-Computer Interaction. Cham: Springer International Publishing, 2022: 415-429[2024-08-30]. https://link.springer.com/chapter/10.1007/978-3-031-05900-1_29.

[151] SHAH P, LUXIMON Y, LUXIMON A. Measurement of soft tissue deformation at discomfort and pain threshold in different regions of the head[J]. Ergonomics, 2022, 65(9): 1286-1301.

[152] ZHANG J, CHEN J, FU F, et al. A 3D anthropometry-based quantified comfort model for children's eyeglasses design[J]. Applied Ergonomics, 2023, 112: 104054.

[153] RÖDDIGER T, DINSE C, BEIGL M. Wearability and comfort of earables during sleep [C/OL]//2021 International Symposium on Wearable Computers. Virtual USA: ACM, 2021: 150-152[2024-09-09]. https://dl.acm.org/doi/10.1145/3460421.

3480432.

[154] SMITH E, STRAWDERMAN L, CHANDER H, et al. A comfort analysis of using smart glasses during "picking" and "putting" tasks[J]. International Journal of Industrial Ergonomics,2021,83:103133.

[155] YOON J E,CHUNG J,PARK S,et al. Evaluation of gait-assistive soft wearable robot designs for wear comfort, focusing on electroencephalogram and satisfaction[J/OL]. IEEE Robotics and Automation Letters, 2024, 9(10): 8834-8841[2024-08-31]. https://ieeexplore.ieee.org/abstract/document/10609495/.

[156] LI H T, XU B F, SUN Z Y, et al. The role of comfort, personality, and intention in smartwatch usage during sleep[J]. Humanities and Social Sciences Communications, 2024,11(1):1-11.

[157] PARK H, PEI J, SHI M, et al. Designing wearable computing devices for improved comfot and user acceptance[J]. Ergonomics,2019,62(11):1474-1484.

[158] HO S S, YU W, LAO T T, et al. Comfort evaluation of maternity support garments in a wear trial[J]. Ergonomics,2008,51(9):1376-1393.

[159] KAPLAN S, OKUR A. The meaning and importance of clothing comfort: a case study for Turkey[J]. Journal of Sensory Studies,2008,23(5):688-706.

[160] KNIGHT J F, BABER C. A tool to assess the comfort of wearable computers[J]. Human Factors,2005,47(1):77-91.

[161] OKABE K, KUROKAWA T. Relationship between wearing comfort and clothing pressure for designing comfortable brassieres[J]. Bulletin of Japanese Society for the Science of Design,2004,51(3):31-38.

[162] LEE S M, LEE S H, PARK J. A multidimensional approach to wearability assessment of an electronic wrist bracelet for the criminal justice system[J]. Fashion and Textiles, 2022,9(1):25.

[163] WANG Y, LIU Y, LUO S L, et al. The pressure comfort sensation of female's body parts caused by compression garment[C]//International Conference on Advances in Human Factors and Wearable Technologies. Springer,Cham,2017:94-104.

[164] WANG Y R, LIU Y, LUO S L, et al. Pressure comfort sensation and discrimination on female body below waistline[J]. The Journal of The Textile Institute, 2018, 109(8): 1067-1075.

[165] LIU K X, WANG J P, HONG Y. Wearing comfort analysis from aspect of numerical garment pressure using 3D virtual-reality and data mining technology[J]. International Journal of Clothing Science and Technology,2017,29(2):166-179.

[166] DUEÑAS L, ARNAL-GÓMEZ A, APARICIO I, et al. Influence of age, gender and obesity on pressure discomfort threshold of the foot: a cross-sectional study[J]. Clinical

Biomechanics,2021,82(105252):1-7.
[167] SMULDERS M,VAN DIJK L N M,SONG Y,et al. Dense 3D pressure discomfort threshold (PDT) map of the human head,face and neck:a new method for mapping human sensitivity[J]. Applied Ergonomics,2023,107:103919.
[168] YUAN X,WANG Z,FENG F,et al. Measurement of pressure discomfort threshold in auricular concha for in-ear wearables design[J]. Applied Ergonomics,2023,113:104078.
[169] KERMAVNAR T,O'SULLIVAN K J,CASEY V,et al. Circumferential tissue compression at the lower limb during walking,and its effect on discomfort,pain and tissue oxygenation:application to soft exoskeleton design[J]. Applied Ergonomics,2020,86:103093.
[170] KERMAVNAR T,O'SULLIVAN K J,DE EYTO A,et al. Discomfort/pain and tissue oxygenation at the lower limb during circumferential compression:application to soft exoskeleton design[J]. Human Factors,2020,62(3):475-488.
[171] KERMAVNAR T,O'SULLIVAN K J,DE EYTO A,et al. The effect of simulated circumferential soft exoskeleton compression at the knee on discomfort and pain[J]. Ergonomics,2020,63(5):618-628.
[172] NAYLOR T A. Exploration of constant-force wristbands for a wearable health device[D]. Provo,Vtah:Brigham Young University,2021.
[173] JEONG S,SONG J,KIM H,et al. Design and analysis of wireless power transfer system using flexible coil and shielding material on smartwatch strap[C/OL]//2017 IEEE Wireless Power Transfer Conference (WPTC). IEEE,2017:1-3[2024-08-31]. https://ieeexplore.ieee.org/abstract/document/7953853/.
[174] KHAN I,HOLLEBEEK L D,FATMA M,et al. Customer experience and commitment in retailing:does customer age matter? [J]. Journal of Retailing and Consumer Services,2020,57:102219.
[175] ZHANG L,ANJUM M A,WANG Y. The impact of trust-building mechanisms on purchase intention towards metaverse shopping:the moderating role of age[J]. International Journal of Human-Computer Interaction,2024,40(12):3185-3203.
[176] SALATA F,GOLASI I,VERRUSIO W,et al. On the necessities to analyse the thermohygrometric perception in aged people. A review about indoor thermal comfort,health and energetic aspects and a perspective for future studies[J]. Sustainable Cities and Society,2018,41:469-480.
[177] VAN HOOF J,KORT H S M,VAN WAARDE H,et al. Environmental interventions and the design of homes for older adults with dementia:an overview[J]. American Journal of Alzheimer's Disease & Other Dementias®,2010,25(3):202-232.

[178] GIROTTI G, TREVISAN C, FRATTA S, et al. The impact of aging on pressure pain thresholds: are men less sensitive than women also in older age? [J]. European Geriatric Medicine, 2019, 10(5): 769-776.

[179] COLE L J, FARRELL M J, GIBSON S J, et al. Age-related differences in pain sensitivity and regional brain activity evoked by noxious pressure[J]. Neurobiology of Aging, 2010, 31(3): 494-503.

[180] LAUTENBACHER S, KUNZ M, STRATE P, et al. Age effects on pain thresholds, temporal summation and spatial summation of heat and pressure pain[J]. Pain, 2005, 115(3): 410-418.

[181] VERVULLENS S, HAENEN V, MEERT L, et al. Personal influencing factors for pressure pain threshold in healthy people: a systematic review and meta-analysis[J]. Neuroscience & Biobehavioral Reviews, 2022, 139: 104727.

[182] YANG W, HE R, GOOSSENS R, et al. Pressure sensitivity for head, face and neck in relation to soft tissue[J]. Applied Ergonomics, 2023, 106: 103916.

[183] ZHOU S, LI B, DU C, et al. Opportunities and challenges of using thermal comfort models for building design and operation for the elderly: a literature review [J]. Renewable and Sustainable Energy Reviews, 2023, 183: 113504.

[184] MA Z, GAO Q, YANG M. Adoption of wearable devices by older people: changes in use behaviors and user experiences [J]. International Journal of Human-Computer Interaction, 2023, 39(5): 964-987.

[185] SON J S, NIMROD G, WEST S T, et al. Promoting older adults' physical activity and social well-being during COVID-19[J]. Leisure Sciences, 2021, 43(1-2): 287-294.

[186] KEKADE S, HSEIEH C H, ISLAM M M, et al. The usefulness and actual use of wearable devices among the elderly population[J]. Computer Methods and Programs in Biomedicine, 2018, 153: 137-159.

[187] ARNING K, ZIEFLE M. Effects of age, cognitive, and personal factors on PDA menu navigation performance[J]. Behaviour & Information Technology, 2009, 28(3): 251-268.

[188] ZIEFLE M, BAY S. How older adults meet complexity: aging effects on the usability of different mobile phones[J]. Behaviour & Information Technology, 2005, 24(5): 375-389.

[189] ROSENFELD L, MORVILLE P. Information architecture for the world wide web[M]. 2nd ed. Sebastopol, CA: O'Reilly & Associates, Inc., 2002.

[190] KURNIAWAN S H, ZAPHIRIS P. Web health information architecture for older users [J]. IT & Society, 2003, 1(3): 42-63.

[191] ZAPHIRIS P, PFEIL U, XHIXHO D. User evaluation of age-centred web design

guidelines[C]//International Conference on Universal Access in Human-Computer Interaction. Springer,Berlin,Heidelberg,2009:677-686.

[192] VALDEZ A C,ZIEFLE M,ALAGÖZ F,et al. Mental models of menu structures in diabetes assistants [C]//International Conference on Computers for Handicapped Persons. Springer,Berlin,Heidelberg,2010:584-591.

[193] ZHOU J,RAU P L P,SALVENDY G. Use and design of handheld computers for older adults: a review and appraisal [J]. International Journal of Human-Computer Interaction,2012,28(12):799-826.

[194] LI Y Y,CHEN C C. Exploring the possibility of adding classification to the application menu interface of Apple Watch[C]//2020 IEEE International Conference on Consumer Electronics-Taiwan (ICCE-Taiwan). IEEE,2020:1-2.

[195] MOORE K, O'SHEA E, KENNY L, et al. Older adults' experiences with using wearable devices:qualitative systematic review and meta-synthesis[J]. JMIR mHealth and uHealth,2021,9(6):e23832.

[196] STEINERT A, BUCHEM I, MERCERON A, et al. A wearable-enhanced fitness program for older adults, combining fitness trackers and gamification elements: the pilot study fMOOC@ Home[J]. Sport Sciences for Health,2018,14(2):275-282.

[197] MERCER K,GIANGREGORIO L,SCHNEIDER E,et al. Acceptance of commercially available wearable activity trackers among adults aged over 50 and with chronic illness: a mixed-methods evaluation[J]. JMIR mHealth and uHealth,2016,4(1):e4225.

[198] CHUAH S H W,RAUSCHNABEL P A,KREY N,et al. Wearable technologies: the role of usefulness and visibility in smartwatch adoption[J]. Computers in Human Behavior,2016(65):276-284.

[199] LI J,MA Q,CHAN A H,et al. Health monitoring through wearable technologies for older adults:smart wearables acceptance model[J]. Applied Ergonomics,2019(75):162-169.

[200] FARIVAR S, ABOUZAHRA M, GHASEMAGHAEI M. Wearable device adoption among older adults:a mixed-methods study[J]. International Journal of Information Management,2020,55:1-14.

[201] KLEBBE R, STEINERT A, MÜLLER-WERDAN U. Wearables for older adults: requirements, design, and user experience[M]//Perspectives on Wearable Enhanced Learning (WELL). Cham:Springer,2019:313-332.

[202] LEWIS J E,NEIDER M B. Designing wearable technology for an aging population[J]. Ergonomics in Design,2017,25(3):4-10.

[203] PRICE M M, CRUMLEY-BRANYON J J, LEIDHEISER W R, et al. Effects of information visualization on older adults' decision-making performance in a medicare

plan selection task: a comparative usability study[J]. JMIR Human Factors, 2016, 3 (1): 1-16.

[204] VORGELEGT. Ergonomic visualization of personal health data [D]. Aachen, Germany: RWTH Aachen University, 2019.

[205] ZHOU J, CHOURASIA A, VANDERHEIDEN G. Interface adaptation to novice older adults' mental models through concrete metaphors[J]. International Journal of Human-Computer Interaction, 2017, 33(7): 592-606.

[206] LATORRE-POSTIGO J M, ROS-SEGURA L, NAVARRO-BRAVO B, et al. Older adults' memory for medical information, effect of number and mode of presentation: an experimental study[J]. Patient Education and Counseling, 2017, 100(1): 160-166.

[207] BABIN B J, DARDEN W R, GRIFFIN M. Work and/or fun: measuring hedonic and utilitarian shopping value[J]. Journal of Consumer Research, 1994, 20(4): 644-656.

[208] VOSS K E, SPANGENBERG E R, GROHMANN B. Measuring the hedonic and utilitarian dimensions of consumer attitude[J]. Journal of Marketing Research, 2003, 40(3): 310-320.

[209] ASHRAF R U, HOU F, AHMAD W. Understanding continuance intention to use social media in China: the roles of personality drivers, hedonic value, and utilitarian value[J]. International Journal of Human-Computer Interaction, 2019, 35 (13): 1216-1228.

[210] 党俊武, 李晶. 中国老年人生活质量发展报告(2019)[R]. 北京: 社会科学文献出版社, 2019.

[211] IDC. China's wearable device market tracking report for the fourth quarter of 2019[R]. Needham, MA: International Data Corporation, 2020.

[212] 中国互联网络信息中心. 中国互联网络发展状况统计报告[R]. 北京: 中国互联网络信息中心, 2020.

[213] LU Y B, ZHOU T, WANG B. Exploring Chinese users' acceptance of instant messaging using the theory of planned behavior, the technology acceptance model, and the flow theory[J]. Computers in Human Behavior, 2009, 25(1): 29-39.

[214] PAN S, JORDAN-MARSH M. Internet use intention and adoption among Chinese older adults: from the expanded technology acceptance model perspective [J]. Computers in Human Behavior, 2010, 26(5): 1111-1119.

[215] NUNNALLY J C, BERNSTEIN I H. Psychometric theory[M]. 3rd ed. New York: McGraw-Hill, 1994.

[216] SHAN G, BOHN C. Anthropometrical data and coefficients of regression related to gender and race[J]. Applied Ergonomics, 2003, 34(4): 327-337.

[217] KIANMEHR H, SABOUNCHI N S, SEYEDZADEH SABOUNCHI S, et al. Patient

expectation trends on receiving antibiotic prescriptions for respiratory tract infections: A systematic review and meta-regression analysis[J]. International Journal of Clinical Practice,2019,73(7):e13360.

[218] WU Y H,WROBEL J,CORNUET M,et al. Acceptance of an assistive robot in older adults: a mixed-method study of human-robot interaction over a 1-month period in the Living Lab setting[J]. Clinical Interventions in Aging,2014,9:801-811.

[219] CARROLL J, HOWARD S, PECK J, et al. From adoption to use: the process of appropriating a mobile phone[J]. Australasian Journal of Information Systems,2003, 10(2):38-48.

[220] WILCOX S,SHARKEY J R,MATHEWS A E,et al. Perceptions and beliefs about the role of physical activity and nutrition on brain health in older adults[J]. The Gerontologist,2009,49(S1):S61-S71.

[221] ZHANG Y, XU L, NEVITT M C, et al. Comparison of the prevalence of knee osteoarthritis between the elderly Chinese population in Beijing and whites in the United States: the Beijing osteoarthritis study[J]. Arthritis & Rheumatology,2001,44(9): 2065-2071.

[222] DAI H,PALVIA P. Factors affecting mobile commerce adoption: a cross-cultural study in China and the United States[C]//AMCIS 2008 Proceedings. 2008.

[223] LIM E A C, ANG S H. Hedonic vs. utilitarian consumption: a cross-cultural perspective based on cultural conditioning[J]. Journal of Business Research, 2008, 61(3):225-232.

[224] CHEN L, TSOI H K. Privacy concern and trust in using social network sites: a comparison between french and chinese users[C]//IFIP Conference on Human-Computer Interaction. Springer,Berlin,Heidelberg,2011:234-241.

[225] JIANG X,JI S. Consumer online privacy concern and behaviour intention: cultural and institutional aspects[C]//Proceedings of the International Conference on Information Resources Management. 2009:21-23.

[226] LILI W,MIN D. Effect of cultural factors on online privacy concern: Korea vs. China [J]. Journal of Information Technology Applications and Management,2014,21(2): 149-165.

[227] BODINE K,GEMPERLE F. Effects of functionality on perceived comfort of wearables [C]//7th IEEE International Symposium on Wearable Computers. IEEE Computer Society,2003.

[228] LUEG C, BANKS B, MICHALEK J, et al. Close encounters of the fifth kind: recognizing system—initiated engagement as interaction type[J]. Journal of the Association for Information Science Technology,2019,70(6):634-637.

[229] PARK H, PEI J, SHI M, et al. Designing wearable computing devices for improved comfort and user acceptance[J]. Ergonomics,2019,62(11):1474-1484.

[230] HAIR JR J F, SARSTEDT M, HOPKINS L, et al. Partial least squares structural equation modeling (PLS-SEM): an emerging tool in business research[J]. European Business Review,2014,26(2):106-121.

[231] KAYSERI G Ö, ÖZDIL N, MENGÜÇ G S. Sensorial comfort of textile materials[J]. Woven Fabrics,2012:235-266.

[232] DONG B, SHANG C, TONG M, et al. Analysis of the influence of age on human thermal comfort [C]//ICCREM 2020. Stockholm, Sweden (Conference Held Virtually): American Society of Civil Engineers,2020:170-176.

[233] BARBER S J, OPITZ P C, MARTINS B, et al. Thinking about a limited future enhances the positivity of younger and older adults' recall: support for socioemotional selectivity theory[J]. Memory & Cognition,2016,44(6):869-882.

[234] CARSTENSEN L L. Socioemotional selectivity theory: the role of perceived endings in human motivation[J]. The Gerontologist,2021,61(8):1188-1196.

[235] BOWDEN J L, MCNULTY P A. Age-related changes in cutaneous sensation in the healthy human hand[J]. Age and Aging,2013,35(4):1077-1089.

[236] HAMASAKI T, YAMAGUCHI T, IWAMOTO M. Estimating the influence of age-related changes in skin stiffness on tactile perception for static stimulations[J]. Journal of Biomechanical Science and Engineering,2018,13(1).

[237] KRUGLIKOV I L, SCHERER P E. Skin aging as a mechanical phenomenon: the main weak links[J]. Nutrition and Healthy Aging,2018,4(4):291-307.

[238] NIELSEN J. Card sorting: how many users to test[EB/OL]. (2004-07-18)[2024-10-11]. http://www.useit.com/alertbox/20040719.html.

[239] GATSOU C, POLITIS A, ZEVGOLIS D. Novice user involvement in information architecture for a mobile tablet application through card sorting[C]//2012 Federated Conference on Computer Science and Information Systems (FedCSIS). IEEE,2012:711-718.

[240] STAGGERS N, NORCIO A. Mental models: concepts for human-computer interaction research[J]. International Journal of Man-Machine Studies,1993,38(4):587-605.

[241] SIMUNICH B, ROBINS D B, KELLY V. The impact of findability on student motivation, self-efficacy, and perceptions of online course quality[J]. American Journal of Distance Education,2015,29(3):174-185.

[242] LEWIS J R. Psychometric evaluation of the post-study system usability questionnaire: the PSSUQ[C]//Proceedings of the Human Factors Society Annual Meeting. Los Angeles, CA: Sage Publications,1992:1259-1260.

[243] ZHOU J,CHOURASIA A,VANDERHEIDEN G. Interface adaptation to novice older adults' mental models through concrete metaphors[J]. International Journal of Human-Computer Interaction,2017,33(7):592-606.

[244] LIU Y C,CHEN C H,TSOU Y C,et al. Evaluating mobile health apps for customized dietary recording for young adults and seniors:randomized controlled trial[J]. JMIR mHealth and uHealth,2019,7(2):1-15.

[245] NAGARAJAN N, ASSI L, VARADARAJ V, et al. Vision impairment and cognitive decline among older adults:a systematic review[J]. BMJ Open,2022,12(1):e047929.

[246] RUNK A,JIA Y,LIU A,et al. Associations between visual acuity and cognitive decline in older adulthood: a 9-year longitudinal study[J]. Journal of the International Neuropsychological Society,2023,29(1):1-11.

[247] MARTINEZ-ENRIQUEZ E, DE CASTRO A, MOHAMED A, et al. Age-related changes to the three-dimensional full shape of the isolated human crystalline lens[J]. Investigative Ophthalmology & Visual Science,2020,61(4):11.

[248] SAFTARI L N, KWON O S. Ageing vision and falls: a review[J]. Journal of Physiological Anthropology,2018,37(1):11.

[249] ESFAHAN S M,NILI M H H K,HATAMI J,et al. Aging decreases the precision of visual working memory[J]. Aging, Neuropsychology, and Cognition, 2024, 31(4): 762-776.

[250] CHEN R Y,HUANG J C,ZHOU J. Skeuomorphic or flat icons for an efficient visual search by younger and older adults?[J]. Applied Ergonomics,2020,85:103073.

[251] LE T,REEDER B,YOO D,et al. An evaluation of wellness assessment visualizations for older adults[J]. Telemedicine and e-Health,2015,21(1):9-15.

[252] FAN M M,WANG Y W,XIE Y N,et al. Understanding how older adults comprehend COVID-19 interactive visualizations via think-aloud protocol[J]. International Journal of Human-Computer Interaction,2023,39(8):1626-1642.

[253] AHMED R, TOSCOS T, ROHANI GHAHARI R, et al. Visualization of cardiac implantable electronic device data for older adults using participatory design[J]. Applied Clinical Informatics,2019,10(4):707-718.

[254] GEERTS E P. A multi-layered interface for older adults:a study into the learnability and user experience of an introduction layer for a mobile application[D]. Enschede, Netherlands:University of Twente,2020.

[255] ZHOU C M,QIAN Y W,HUANG T,et al. The impact of different age-friendly smart home interface styles on the interaction behavior of elderly users[J]. Frontiers in Psychology,2022,13:935202.

[256] WICKENS C D,HELTON W S,HOLLANDS J G,et al. Engineering psychology and

human performance[M/OL]. New York: Routledge, 2021[2024-06-23]. https://www.taylorfrancis.com/books/mono/10.4324/9781003177616/engineering-psychology-human-performance-christopher-wickens-justin-hollands-simon-banbury-william-helton.

[257] LAVIE N, TSAL Y. Perceptual load as a major determinant of the locus of selection in visual attention[J]. Perception & Psychophysics, 1994, 56(2): 183-197.

[258] LAVIE N, HIRST A, DE FOCKERT J W, et al. Load theory of selective attention and cognitive control[J]. Journal of Experimental Psychology: General, 2004, 133(3): 339.

[259] LAVIE N. Attention, distraction, and cognitive control under load[J]. Current Directions in Psychological Science, 2010, 19(3): 143-148.

[260] LAVIE N. The role of perceptual load in visual awareness[J]. Brain Research, 2006, 1080(1): 91-100.

[261] HAKONE A, HARRISON L, OTTLEY A, et al. PROACT: iterative design of a patient-centered visualization for effective prostate cancer health risk communication [J]. IEEE Transactions on Visualization and Computer Graphics, 2016, 23(1): 601-610.

[262] LEUNG R, FINDLATER L, MCGRENERE J, et al. Multi-layered interfaces to improve older adults' initial learnability of mobile applications[J]. ACM Transactions on Accessible Computing, 2010, 3(1): 1-30.

[263] DICKINSON A, SMITH M J, ARNOTT J L, et al. Approaches to web search and navigation for older computer novices[C/OL]//Proceedings of the SIGCHI Conference on Human Factors in Computing Systems. San Jose California USA: ACM, 2007: 281-290[2024-06-23]. https://dl.acm.org/doi/10.1145/1240624.1240670.

[264] ZHOU J, RAU P L P, SALVENDY G. Use and design of handheld computers for older adults: a review and appraisal[J]. International Journal of Human-Computer Interaction, 2012, 28(12): 799-826.

[265] WILDENBOS G A, JASPERS M W, SCHIJVEN M P, et al. Mobile health for older adult patients: using an aging barriers framework to classify usability problems[J]. International Journal of Medical Informatics, 2019, 124: 68-77.

[266] PINKER S. A theory of graph comprehension[M/OL]//Artificial intelligence and the future of testing. Hove, East Sussex: Psychology Press, 2014: 73-126[2024-06-23]. https://www.taylorfrancis.com/chapters/edit/10.4324/9781315808178-4/theory-graph-comprehension-steven-pinker.

[267] KRAUZLIS R J, BOLLIMUNTA A, ARCIZET F, et al. Attention as an effect not a cause[J]. Trends in Cognitive Sciences, 2014, 18(9): 457-464.

[268] BROADBENT D E. Task combination and selective intake of information[J]. Acta Psychologica, 1982, 50(3): 253-290.

[269] RATWANI R M, TRAFTON J G, BOEHM-DAVIS D A. Thinking graphically: connecting vision and cognition during graph comprenension[J]. Journal of Experimental Psychology: Applied,2008,14(1):36-49.

[270] FREEDMAN E G, SHAH P. Toward a model of knowledge-based graph comprehension[M/OL]//HEGARTY M, MEYER B, NARAYANAN N H. Diagrammatic representation and inference: Vol 2317. Berlin, Heidelberg: Springer Berlin Heidelberg,2002:18-30[2024-07-05]. http://link.springer.com/10.1007/3-540-46037-3_3.

[271] TAO D,YUAN J,QU X D. Presenting self-monitoring test results for consumers: the effects of graphical formats and age[J]. Journal of the American Medical Informatics Association,2018,25(8):1036-1046.

[272] BURG A, HULBERT S. Dynamic visual acuity as related to age, sex, and static acuity [J]. Journal of Applied Psychology,1961,45(2):111.

[273] LONG G M,CRAMBERT R F. The nature and basis of age-related changes in dynamic visual acuity[J]. Psychology and Aging,1990,5(1):138.

[274] RODRIGUEZ I, HERSKOVIC V, FUENTES C, et al. B-ePain: a wearable interface to self-report pain and emotions[C/OL]//Proceedings of the 2016 ACM International Joint Conference on Pervasive and Ubiquitous Computing: Adjunct. Heidelberg Germany: ACM,2016:1120-1125[2024-07-05]. https://dl.acm.org/doi/10.1145/2968219.2972719.

[275] CAJAMARCA G, HERSKOVIC V, DONDIGHUAL S, et al. Understanding how to design health data visualizations for chilean older adults on mobile devices[C/OL]//Proceedings of the 2023 ACM Designing Interactive Systems Conference. Pittsburgh PA USA: ACM,2023:1309-1324[2024-06-23]. https://dl.acm.org/doi/10.1145/3563657.3596109.

[276] COTTER L M, YANG S. Are interactive and tailored data visualizations effective in promoting flu vaccination among the elderly? Evidence from a randomized experiment [J]. Journal of the American Medical Informatics Association,2024,31(2):317-328.

[277] LIU K F,SU P B,WANG H L,et al. Contextualizing visualizations of digital health information among young and older adults based on eye-tracking[J]. Sustainability,2022,14(24):16506.

[278] ABOUZAHRA M,GHASEMAGHAEI M. The antecedents and results of seniors' use of activity tracking wearable devices[J]. Health Policy and Technology,2020,9(2):213-217.

[279] GEISELMAN R E,LANDEE B M,CHRISTEN F G. Perceptual discriminability as a basis for selecting graphic symbols[J]. Human Factors,1982,24(3):329-337.

[280] EASTERBY R S. The perception of symbols for machine displays[J]. Ergonomics, 1970,13:149-158.

[281] KEKADE S, HSEIEH C H, ISLAM M M, et al. The usefulness and actual use of wearable devices among the elderly population[J]. Computer Methods and Programs in Biomedicine,2018,153:137-159.

[282] ZHANG X, KEELING K, PAVUR R. Information quality of commercial Web site home pages:an explorative analysis[C]//ICIS 2000 Proceedings. 2000:16.

[283] PENG Y T. Information quality of the Jordan institute for families web site[D/OL]. Chapel Hill:The University of North Carolina,2002[2024-09-18]. https://cdr.lib.unc.edu/concern/masters_papers/bn999b305.

[284] LEE Y W, STRONG D M, KAHN B K, et al. AIMQ:a methodology for information quality assessment[J]. Information & Management,2002,40(2):133-146.